甘蔗养分资源
综合管理理论与实践

敖俊华　陈迪文　周文灵　等编著

中国农业大学出版社
·北京·

图书在版编目(CIP)数据

甘蔗养分资源综合管理理论与实践/敖俊华等编著. -- 北京:中国农业大学出版社,2022.7

ISBN 978-7-5655-2819-4

Ⅰ.①甘⋯ Ⅱ.①敖⋯ Ⅲ.①甘蔗－综合管理－研究 Ⅳ.①S566.1

中国版本图书馆 CIP 数据核字(2022)第 112509 号

书　　名	甘蔗养分资源综合管理理论与实践
	Ganzhe Yangfen Ziyuan Zonghe Guanli Lilun yu Shijian
作　　者	敖俊华　陈迪文　周文灵　等编著

策划编辑	石　华	责任编辑	石　华
封面设计	郑　川		
出版发行	中国农业大学出版社		
社　　址	北京市海淀区圆明园西路 2 号	邮政编码	100193
电　　话	发行部 010-62733489,1190	读者服务部	010-62732336
	编辑部 010-62732617,2618	出　版　部	010-62733440
网　　址	http://www.caupress.cn	E-mail	cbsszs@cau.edu.cn
经　　销	新华书店		
印　　刷	北京虎彩文化传播有限公司		
版　　次	2023 年 1 月第 1 版　　2023 年 1 月第 1 次印刷		
规　　格	185 mm×260 mm　　16 开本　　10 印张　　250 千字		
定　　价	58.00 元		

图书如有质量问题本社发行部负责调换

编著人员

敖俊华　陈迪文　周文灵

凌秋平　黄　莹　黄振瑞

沈大春　吴启华　邓　军　邓　燕

前　言

甘蔗是我国最主要的糖料作物,产糖量占食糖总产量的 90%,主要种植于广西、云南、广东三大蔗区,年种植面积达 2 000 多万亩,产糖近 1 000 万 t,为保障国家食糖安全,打赢脱贫攻坚战和实现乡村振兴发展做出重要贡献。目前,我国甘蔗种植体系立地条件较差,普遍存在施肥盲目、不科学,肥料投入量大、养分供应与甘蔗需求不匹配,肥料利用率低等问题。科学合理的甘蔗养分管理技术是我国甘蔗高产高效生产的主要瓶颈之一。

自 2008 年以来,我们在国家现代农业产业技术体系(糖料体系甘蔗养分管理与土壤肥料岗位科学家项目 CARS-170203)和国家重点研发计划(2020YFD1000600)等项目支持下,开展了甘蔗高产高效养分管理技术研究与示范,获取了大量宝贵的一线生产资料和科学数据。在此基础上,编者对国内外甘蔗养分资源管理技术的相关资料进行总结、提炼,最终编写了本书,旨在为甘蔗"高产、优质、高效"的养分资源管理提供技术保证。

本书分析了我国甘蔗生产中养分资源管理存在的问题,提出了科学的甘蔗养分管理技术。全书理论与实践相结合,可读性强,易于掌握,可供甘蔗农业生产领域科技人员、农业技术推广人员、基层农技人员及从事甘蔗研究的学者阅读参考。

本书的编写得到了广东省科学院南繁种业研究所李奇伟研究员、江永研究员、卢颖林研究员的大力支持,在此表示衷心的感谢。由于编者水平限制,书中难免有不足之处,恳请读者批评指正。

编　者
2022 年 1 月

目 录

第 1 章

甘蔗的生产概况

　　甘蔗是禾本科甘蔗属植物,原产于热带、亚热带地区,有喜高温光照、需水量大、吸肥多、生长期长的特点,是一种高光效植物,现广泛种植于热带及亚热带地区,是世界主要糖料作物。全世界有 100 多个国家出产甘蔗。最大的甘蔗生产国是巴西、印度和中国。甘蔗生产区主要分布于北纬 33°至南纬 30°,其中以南北纬 25°之间比较集中。如果以温度线为世界蔗区的分布界线,则年平均气温 17～18 ℃等温线以上的地区为世界蔗区。甘蔗为喜温、喜光作物,适合栽种于土壤肥沃、阳光充足、冬夏温差大的地方,年积温需 5 500～8 500 ℃,无霜期达 330 d 以上,年均空气湿度为 60%,年降水量要求为 800～1 200 mm,年日照为 1 195 h 以上。

1.1　甘蔗的用途及营养价值

　　甘蔗生长迅速,生物产量高,用途十分广泛。传统产业的甘蔗主要用于制糖。随着经济社会的发展和科技的进步,其已发展了能源甘蔗、纤维甘蔗、饲料甘蔗以及兼用型甘蔗(糖果、糖能、糖纤、糖饲兼用)等新产业,蔗糖产业链不断延伸和拓展,形成了高值化、多元化的利用格局。

1.1.1　甘蔗的用途

1. 糖料甘蔗

　　用于制糖的原料甘蔗称为糖料甘蔗,是我国制糖最主要的原料,约占糖料作物的 90%。糖厂将甘蔗茎压榨取汁后进行蒸发、煮炼、结晶、分蜜和干燥等工序,然后制成白砂糖、粗糖等产品,供日常生活需要。

　　甘蔗全身都是宝。除了蔗茎制糖外,其副产品包括蔗渣、蔗叶、滤泥、酒精废液及废蜜等,可制成饲料、燃料、肥料、造纸纤维板、功能糖等产品。

2. 能源甘蔗

　　能源甘蔗是美国植物生理学家 Alexander A. G. 教授于 20 世纪 70 年代后期首创的,也是利用甘蔗属的热带种同热带杂草杂交育成的一种高生物量、高可发酵的非食用甘蔗新品种。能源甘蔗选育目标为高生物量、高可发酵糖含量和高纤维含量,其可分为能源专用和能糖兼用2种类型。

能源是国家的重要战略物资,能源安全也是各国政府共同关心的问题。自20世纪70年代石油危机以来,开发和利用可再生能源,特别是生物质能源再度引起人们的高度重视。巴西、美国、墨西哥、印度和泰国等多个国家相继制订了"生物能源计划""UPR计划""IACRP计划"等酒精汽油(或汽油醇)计划。作为光合效率高、产量高和能源效率高的能源作物,甘蔗也因此而备受重视。巴西育成了SP1-6163、SP76-1143等能源甘蔗品种,印度和美国联合实施IACRP计划,育成了高纤维品种IA3132和2个高可发酵糖、高乙醇发酵量品种EMS145、EMS245。

我国于2002年在河南的郑州、洛阳、南阳,黑龙江的哈尔滨、肇东以及吉林、安徽部分地区开展"汽油醇"试点,并获得成功。在此基础上,2004年我国将试点范围扩大到辽宁、河北、山东、江苏4个省。这些省份以玉米为原料来生产酒精。虽然在我国南方甘蔗是理想的能源作物,但它在这个方面的开发和利用起步比较晚。

广东省科学院南繁种业研究所(原广州甘蔗糖业研究所)是我国最早从事甘蔗生物质能研究开发的单位。其在糖厂酒精生产和蔗渣生物能源利用方面已有数十年的研究历史。面对国内外对生物质能开发和利用的发展趋势,该研究所自20世纪90年代初就加强了甘蔗高生物量育种和发酵技术方面的研究。在广东省科技计划、国家科技支撑等项目的支持下,该研究所重点开展能源甘蔗育种与产业化关键技术应用方面的研究。其在利用野生种质创制强生长势、高生物量和广适应性的亲本材料方面取得了重大进展;育成了一批可发酵高糖量的优良品种和导入了野生种质血缘的创新材料;解决了国际上100多年来不能育出第2代杂种的技术难题;成功获得了斑茅蔗第2代和第3代杂种后代,为我国甘蔗高生物量育种储备了一批技术,奠定了支撑甘蔗生物能源产业发展的技术基础。

3. 纤维甘蔗

经过榨糖之后,剩下的约50%的甘蔗渣纤维可以用来造纸和制作纤维板。一般糖料蔗的纤维含量平均为10%～12%,不同基因型品种的纤维含量有差异。甘蔗渣纤维长度为0.65～2.17 mm,宽度为21～28 μm。虽然蔗渣的纤维形态比不上木材和竹子,但是其比水稻、麦草纤维略胜一筹。其浆料在配入部分木浆后,可以抄制胶版印刷纸、水泥袋纸、纤维板等。以蔗渣为原料造纸和制纤维板可减少对木材的砍伐,保护生态环境,实现蔗糖产业链的延伸与高值。纤维型甘蔗可以根据用途需要,综合利用分子生物学技术等高技术的育种手段及甘蔗的高纤维含量野生种质资源,进行远缘杂交利用,选育高纤维量的专用型甘蔗新品种。

4. 饲料甘蔗

甘蔗梢叶、蔗渣、糖蜜是糖厂最大宗的甘蔗副产物,具有产量大、产地集中、易于收购、成本较低等特点。甘蔗梢叶、蔗渣是一种植物纤维素类物质,含有大量的纤维素和半纤维素,可用作反刍动物的粗饲料;糖蜜含糖量高,可作为精饲料中的能量饲料。甘蔗的生物量高,且四季常绿。冬春两季是牧草枯黄的季节,青饲料短缺。生长嫩绿的甘蔗是青饲料调剂补充的理想来源,可缓解冬春两季青饲料供应紧张的矛盾,对发展畜牧业具有重要的作用。

以产业需求为导向,以产品开发为核心,通过培育专用型饲料甘蔗,研究甘蔗梢叶、蔗渣与糖业其他副产物混合并结合生物发酵的方法,制备一种以甘蔗糖业副产物为主要原料的高消化率和营养均衡的牛饲料产品。开发新的牛饲料资源将大大缓解饲料资源短缺现象,为甘蔗

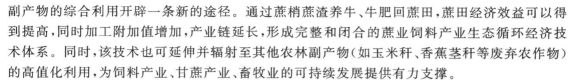

副产物的综合利用开辟一条新的途径。通过蔗梢蔗渣养牛、牛肥回蔗田,蔗田经济效益可以得到提高,同时加工附加值增加,产业链延长,形成完整和闭合的蔗业饲料产业生态循环经济技术体系。同时,该技术也可延伸并辐射至其他农林副产物(如玉米秆、香蕉茎秆等废弃农作物)的高值化利用,为饲料产业、甘蔗产业、畜牧业的可持续发展提供有力支撑。

5. 水果甘蔗

水果甘蔗是一种供鲜食的甘蔗(简称果蔗)。果蔗的特点是皮薄茎脆、汁多清甜,其营养丰富、清凉解毒、解渴充饥,并具有产量高、经济效益好等优点。我国果蔗按皮色主要分为黄皮果蔗和黑皮果蔗2种。黑皮果蔗原产于印度,现广泛种植于热带及亚热带地区。我国的黑皮果蔗区主要分布于广西博白县(产量占全国的60%)及广东、台湾、福建、云南、江西、贵州、湖南、浙江、湖北等省份。

中国果蔗品种很多,主要有广东省的潭州大蔗和海丰腊蔗,福建省的福州白眉蔗和同安果蔗,浙江省的杭州青皮蔗和瑞安陶山蔗,四川省的脆皮洋蔗、大红袍脆皮蔗和白鳝蔗,广西壮族自治区的红皮果蔗等,还有蔗茎较粗大、皮肉较脆嫩的热带栽培种'拔地拉'(badila),是广东、福建、台湾等的主要果蔗品种。

1.1.2　甘蔗的营养价值

甘蔗含有丰富的碳水化合物及新鲜的蔗糖、果糖和葡萄糖以及对人体新陈代谢非常有益的各种维生素、脂肪、蛋白质、有机酸、钙、铁等物质,食后分解,易被人体吸收。甘蔗不但能给食物增添甜味,而且还可以提供人体所需的营养和热量。

甘蔗是能清、能润、甘凉滋养的食疗佳品。唐代诗人王维在《敕赐百官樱桃》中写道:"饱食不须愁内热,大官还有蔗浆寒。"李时珍对甘蔗则别有一番见解:"凡蔗榕浆饮固佳,又不若咀嚼之味永也",他将食用甘蔗的微妙之处表述得淋漓尽致。甘蔗味甘、性寒,归肺、胃经;具有清热解毒、生津止渴、和胃止呕、滋阴润燥等功效;主治口干舌燥、津液不足、小便不利、大便燥结、消化不良、反胃呕吐、呃逆和高热烦渴等。

1.2　甘蔗产业的发展概况

1.2.1　世界甘蔗生产概况

世界甘蔗集中产区分布于亚洲和南、北美洲的南北回归线(22°30′)之间的地区。全球甘蔗种植面积约为2 600万 hm²,甘蔗总产量为19亿 t,单产约为70 t/hm²。甘蔗种植面积最大的国家是巴西,其次是印度,中国位居第三,种植面积较大的国家还有古巴、泰国、墨西哥、澳大利亚、美国等。

巴西是世界甘蔗第一生产大国,种植面积近1 000万 hm²,每榨季甘蔗产量约为6.5亿 t,甘蔗平均产量为70 t/hm²及以上。巴西甘蔗的两大主要产区分别位于中南部和东北部地区,甘蔗生长周期为12~18个月。中南部蔗区是巴西第一大产糖区,于1—6月下种,翌年4—11

月为榨季;东北部蔗区多于 5—10 月种植,翌年 9 月至第 3 年 4 月收获。蔗糖是巴西重要的出口农产品,除制糖外,巴西也将很大一部分甘蔗用于乙醇生产。

印度是世界第二大甘蔗生产国,其甘蔗种植面积不断增加。2019/2020 榨季,印度甘蔗种植面积约为 500 万 hm²,甘蔗产量约为 3.7 亿 t,单产一般在 65 t/hm² 及以上。印度大部分甘蔗种植于旁遮普邦、比哈尔邦、北方邦和马哈拉施特拉邦。

甘蔗种植作为巴西、印度的传统产业,两国的甘蔗种植面积占世界种植面积的 50% 及以上,且有不断增加的趋势。图 1-1 至图 1-3 分别为 2010—2019 年世界甘蔗种植面积、总产量和单产水平。

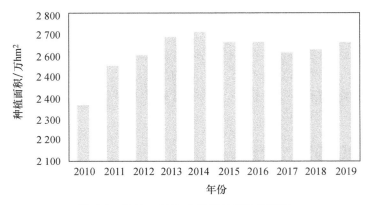

图 1-1　2010—2019 年世界甘蔗种植面积

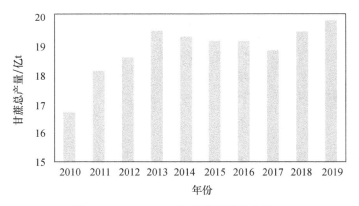

图 1-2　2010—2019 年世界甘蔗总产量

1.2.2　中国甘蔗生产概况

中国地处北半球,甘蔗分布南至海南岛,北至北纬 33° 的陕西汉中地区,地跨纬度 15°;东至台湾东部,西至西藏东南部的雅鲁藏布江,跨越经度达 30°,其分布范围之广为其他国家所少见。我国是产糖大国,仅排在巴西和印度之后,位居世界第三位。中国的主产蔗区主要分布在北纬 24° 以南的热带、亚热带地区,包括广东、台湾、广西、福建、四川、云南、江西、贵州、湖南、浙江、湖北、海南等南方 12 个省、自治区。自 20 世纪 80 年代中期以来,中国的蔗糖产区迅速向广西、云南等西南部地区转移。2020 年,广西、云南的甘蔗种植面积已占全国甘蔗种植面积的

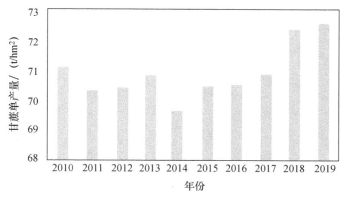

图 1-3　2010—2019 年世界甘蔗单产水平

90％。据国家统计局相关资料显示,近 5 年来,我国甘蔗种植面积约为 140 万 hm²,约占糖料种植总面积的 85％,然而我国人均食糖产量不到 8 kg,仅为世界平均水平的 1/3。资料显示,我国每榨季食糖产量约为 1 000 万 t,而消费量达 1 500 万 t,全国食糖产量与需求量之间存在缺口达 500 多万 t,食糖生产不能完全自给,且离我国 85％的自给目标还有很大差距。因此,发展甘蔗产业,保障食糖供给对于我国具有非常重要的战略意义。我国甘蔗主要种植于广西、云南和广东蔗区,主要分布于桂中南甘蔗种植区、滇西南甘蔗种植区以及粤西甘蔗种植区。

1. 广西甘蔗种植产业现状

广西是我国甘蔗种植面积最大的省份,年均种植面积在 80 万 hm² 以上,年产糖量占全国食糖产量的 60％及蔗糖产量的 70％,在我国的食糖供给中具有非常重要的地位。广西蔗区主要分为桂中、桂南、桂东及桂西 4 大区域,其中桂中南蔗区是甘蔗种植优势区域,包括南宁、崇左、来宾、柳州、百色、河池、钦州、北海、防城、贵港等 10 个市的 33 个县。桂中南地处亚热带季风气候区,光照充足,雨量充沛,雨热同季,年平均气温为 22.3 ℃,最高与最低的月平均温差达 16 ℃,有利于糖分的积累;年降水量为 1 350～1 680 mm,光照为 1 850～1 950 h,基本无霜,是我国最适宜种蔗的地区之一。

根据《广西统计年鉴》的统计数据显示(表 1-1),2000—2010 年,广西甘蔗种植面积快速增加,从 2000 年的 50 万 hm² 增长到 2010 年的 104 万 hm²,增加幅度达 100％以上;2010—2014 年,甘蔗种植面积基本保持稳定,年均种植面积为 100 万～110 万 hm²;2015 年之后,甘蔗种植面积有所下降。在甘蔗单产方面,广西甘蔗单产水平上升较快,由 2000 年的 57.74 t/hm² 至 2017 年之后稳定在 80 t/hm² 以上,增产幅度接近 50％。甘蔗单产水平的上升原因一是甘蔗优良品种的推广,二是蔗区基础条件设施的改善取得了重要作用。从 2014 年起,广西启动双高基地建设,2017 年开启糖料生产保护区划定工作。截至 2019 年,广西全区完成糖料蔗生产保护区划定面积近 80 万亩,保护区按高标准农田要求进行规划建设,达到集中连片、旱涝保收、稳定高产的目标。在种植技术、基础条件及政策的多重驱动下,广西甘蔗单产均维持在较高水平。广西蔗区拥有 30 多家蔗糖企业,代表性的制糖企业有广西南宁糖业、广西农垦糖业集团、广西洋浦南华糖业集团、广西南宁东亚糖业集团等。

表 1-1　广西甘蔗生产状况

年份	面积/万 hm²	总产量/万 t	单产量/（t/hm²）
2000	50.87	2 937	57.74
2005	74.76	5 154	68.94
2010	104.18	6 936	66.58
2012	108.49	7 530	69.41
2013	107.5	7 744	72.04
2014	102.67	7 549	73.53
2015	91.84	7 078	77.07
2016	89.11	6 991	78.45
2017	87.61	7 132	81.41
2018	88.64	7 293	82.28
2019	89.02	7 491	84.15
2020	87.48	7 412	84.73

资料来源：广西壮族自治区统计局，国家统计局广西调查总队．广西统计年鉴 2021．北京：中国统计出版社，2021。

2. 云南甘蔗种植产业现状

在滇西南、滇南低海拔低纬度地区，热区资源丰富。据统计，云南热区面积达 8.11 万 hm²，日照充足，昼夜温差大，适宜甘蔗生长和蔗糖分的积累，具有发展蔗糖业的良好条件。

云南省 16 个州（市）中有 11 个州（市）产糖，约 128 万多农户、600 多万农民种植甘蔗，多为沿边少数民族地区。云南甘蔗产业主要分布于德宏、临沧、保山、普洱、红河、西双版纳、玉溪、文山等 8 个州（市）。

自 2016 年以来，云南依托独特的自然条件，积极发展甘蔗原料，甘蔗种植向优势区域集中，甘蔗农业产量和蔗糖产量持续增长。由表 1-2 可知，2020 年云南甘蔗种植面积达 432.84 万亩（其中境外种植面积 65.56 万亩），比 2016 年种植面积（462.53 万亩）减少 29.69 万亩，降幅为 6.42%；2020 年甘蔗农业总产量达 1 925.23 万 t，比 2016 年甘蔗农业总产量（15 23.80 万 t）增加 401.43 万 t，增幅 26.34%；2020 年甘蔗出糖率达 12.91%，比 2016 年（12.44%）提高 0.47%（绝对值）；2020 年蔗糖产量达 216.92 万 t，比 2016 年（191.04 万 t）增加 25.88 万 t，增幅为 13.55%。2020 年云南产糖量占的比重为 24.04%，比 2015 年（21.9%）提高了 2.14%。

表 1-2　2016—2020 年云南甘蔗种植面积、蔗糖产量情况

年份	种植面积/万亩	总产量/万 t	出糖率/%	蔗糖产量/万 t
2016	462.53	1 523.80	12.44	191.04
2017	433.44	1 516.10	12.70	187.79
2018	435.04	1 640.10	12.83	206.86
2019	434.90	1 843.27	12.80	208.01
2020	432.84	1 925.23	12.91	216.92

3. 粤西-琼北甘蔗种植产业现状

粤西-琼北甘蔗优势区域位于我国南方亚热带及热带地区，属于海洋性季风气候区，光热

资源丰富,雨量充沛,为甘蔗高产区域。该区域土地平缓,适宜机械化耕作,交通便利,产区紧靠食糖主销区,运费和销售费用较低。

粤西蔗区包括遂溪、雷州、徐闻、廉江、化州、麻章等 6 县(市、区),甘蔗种植面积保持在 160 万~180 万亩,产蔗量达 700 万~900 万 t,产糖量为 70 万~90 万 t,甘蔗单产较高,保持在 80 t/hm² 以上,是我国甘蔗单产水平较高的区域。粤西蔗区的蔗糖分较低,平均不到 12%,低糖问题较为突出。

琼北蔗区包括昌江、儋州、临高等 3 县(市)。由于海南产业发展变化,甘蔗种植已确定为退出的产业,故琼北蔗区现有甘蔗种植面积快速萎缩,甘蔗单产量较低,平均为 3.5 t/亩,平均蔗糖分为 14.35%。琼北蔗区有 41 家甘蔗制糖企业,日处理蔗量为 15 万 t 左右,其中日榨能力达 4 000 t 以上的糖厂为 14 家,日榨能力达 2 000~4 000 t 的糖厂为 27 家,制糖期为 100~120 d。

粤西-琼北蔗区多为砖红壤旱坡地,土壤贫瘠,农田基础设施建设滞后,缺乏灌溉条件,季节性干旱缺水是制约该区域甘蔗生产发展的最主要的自然因素。冬春干旱及秋季干旱发生的频率高、持续时间长、程度严重,每年给甘蔗生产造成的损失为 10%~30%。该区域土壤酸化严重,pH 为 4.0~5.0,属于强酸性土壤,既影响肥料利用率,也不利于甘蔗后期蔗糖分积累。暖冬和过多的雨水不利于甘蔗后期蔗糖的积累转化,这是造成粤西蔗区在整个榨季甘蔗蔗糖分低的主要原因之一。

1.3　我国甘蔗养分资源综合管理现状及问题

养分资源综合管理由联合国粮食及农业组织、国际水稻研究所和一些西方国家于 20 世纪 90 年代提出。其目标是通过综合利用各种植物养分,农作物的产量维持或增长能建立在养分资源高效利用与环境友好的基础上。养分资源综合管理的核心是"资源"和"综合管理"。张福锁等(2003)将养分资源综合管理概括为在农业生态系统中,综合利用所有自然和化工合成的植物养分资源,通过合理施用有机肥和化肥等有关技术的综合运用,挖掘土壤和环境养分的潜力,协调系统养分投入与产出的平衡,调节养分循环与利用的强度,实现养分资源高效利用,经济效益、生态效益和社会效益相互协调的理论与技术体系。

1.3.1　我国甘蔗养分资源管理现状

甘蔗属高产作物,整个生育期需吸收大量养分。据研究,每生产 1 t 甘蔗,需吸收氮 1.5~2 kg、磷 0.4~0.5 kg、钾 2~2.5 kg、钙 0.46~0.75 kg、镁 0.5~0.75 kg。由于我国农民经营的分散性,户均种蔗规模非常小,平均每户只有 6 亩。我国的甘蔗主要种植在旱坡地,土壤有效养分的空间变异大,农民在施肥上存在很大盲目性,生产上普遍存在超量施肥、偏施氮肥的问题,氮肥当季利用率平均仅为 30% 左右,肥料的增产效益没能得到充分发挥。在我国生产中,甘蔗施肥水平当量尿素为 450~1 000 kg/hm²,磷肥为 1 000~2 000 kg/hm²,钾肥为 450~1 000 kg/hm²,平均施肥量为世界平均水平的 3 倍,更是发达国家施肥量的 5~10 倍。过量施肥直接造成肥料利用率低,生产成本居高不下,同时引起土壤酸化、地力退化和环境污染等问题。

我国甘蔗施肥存在许多需要改进的地方：①不注重施用有机质肥（如农家肥中的土杂肥、发酵腐熟的禽畜粪便等），偏重化学无机肥料，造成土壤保水保肥力逐年下降，肥效低；②偏施重、施氮素化肥，不注重磷钾肥的配施，造成氮、磷、钾养分配比平衡失调，土壤酸化严重，甘蔗品质下降；③中微量元素没有得到应有的重视，蔗区土壤中的某些中微量元素失衡，氮、磷、钾的施用没有达到应有的肥效；④肥料品种选择、养分配比、施用时间及施用方法不当，轻基肥，重追肥，施前不开沟，施后不盖泥，肥料利用率低，浪费大。

1.3.2 我国甘蔗养分资源管理中存在的问题

1. 甘蔗品种抗逆性不强，养分高效良种缺乏

甘蔗种植地域分布的复杂性和生产条件的多样性以及蔗糖业的安全生产都要求丰富的遗传基础和多样性的生产品种与其配合。我国适应于各类不同生产条件的甘蔗良种仍较缺乏，品种改良任重而道远。此外，轻简化、机械化技术的应用是甘蔗种植的必然趋势。其对品种的宿根性、抗逆性、抗倒伏、肥料利用效率的要求都有所不同。大多数甘蔗品种都是在精耕细作的条件下被选育出来的，很难适应轻简化、机械化栽培的要求。为此，需要根据甘蔗轻简栽培技术的要求，从种质创新、育种方法和程序等几方面，扩大品种遗传基础，选育一些粗生耐旱、耐贫瘠的高产高糖新品种，提高甘蔗产量和糖分，增强品种对环境胁迫的抗性。甘蔗品种抗逆性不强，养分高效良种缺乏，主要表现在以下方面。

①我国甘蔗主栽品种以新台糖、桂糖和粤糖系列为主。种植的主栽品种如新台糖 22 号（ROC22）、粤糖 93-159，桂糖 11 等经过多年种植后，存在严重的品种退化等现象，从而造成甘蔗宿根年限缩短，产量和糖分降低。

②我国许多抗性优良的甘蔗资源没有得到很好的利用，甘蔗对环境胁迫、病虫害的抗性不足，甘蔗产业抗风险能力下降，尤其是病害严重。近年来，病害已经成为限制广东甘蔗产业发展的重要因素之一。据 2013 年调查表明，湛江雷州蔗区的甘蔗黑穗病平均发病率在 15% 左右；凤梨病平均发病率在 10%~20%；梢腐病平均发病率在 10%~15%；宿根矮化病平均发病率在 35% 左右。多种病害的交叉发生导致甘蔗减产 20%~30%，减少宿根 1~2 年。

③品种肥料利用率低，亟须培育养分高效甘蔗良种。我国甘蔗单位面积肥料施用量大，是巴西、澳大利亚、美国甘蔗单位面积肥料施用量的 5~10 倍，氮、磷、钾肥料利用率低。通过生物技术和常规杂交育种的有机结合，发掘甘蔗营养高效基因资源，培育营养高效利用的甘蔗新品种可以有效减少化肥施用量，降低甘蔗生产成本，提高种植效益。

2. 农机农艺整合度不高，甘蔗生产成本高

从制糖成本上看，原料蔗成本占整个制糖成本的 70% 左右，因此，提高整个甘蔗及制糖加工产业竞争力的关键在于降低原料蔗的生产成本。造成我国甘蔗生产成本高的最主要因素是生产机械化程度低，耗费人工多。在甘蔗生产过程中，除了耕整地、运输实现机械化外，我国绝大部分过程还处于人工作业，机械化应用率不到 50%，大大低于美国、澳大利亚、巴西等蔗糖主产国从种至收的全程机械化，也低于泰国、印度、古巴等发展中国家的机械化水平，从而导致我国甘蔗生产的人工投入远远高于其他甘蔗主要生产国。当前，我国的甘蔗制糖成本比国际糖价还高 1 000~2 000 元/t，而生产成本高又造成了国际竞争力低。2013/2014 榨季，我国整个制糖行业全面亏损，严重损害了国家、蔗农和企业利益。

随着国家经济的发展和城市(镇)化进程的快速推进,主要劳动力向城市(镇)加快转移,农村劳动力数量减少及老龄化日益严重,每到榨季,传统的人工砍收使得砍蔗请工难或高价也请不到工,劳力供需矛盾十分突出,从而严重挫伤蔗农种蔗的积极性。人工砍甘蔗在 2010/2011 榨季价格为 60 元/t 及以上,在 2014/2015 榨季价格为 120 元/t 及以上,在 2019/2020 榨季达 170 元/t。由于人工收获劳动力价格高,许多蔗农迫于无奈而减少种蔗面积,甚至宁可丢荒也不愿种蔗。任由如此趋势发展,甘蔗收获成本高、请工难等问题将严重影响甘蔗生产的可持续发展。在甘蔗养分资源综合管理方面,关于甘蔗机械化精准、养分管理、机械化蔗园地力养蓄等方面的研究还较为滞后,机械化与农机农艺融合度不高,缺乏系统的研究。因此,有必要构建适合不同甘蔗种植生态区域以简化生产环节、作业高效、肥药减量、精准施用、甘蔗提质增效为目标的农机农艺深度融合的甘蔗生产技术。

3. 蔗区立地条件差,甘蔗产量限制因子较突出

(1)甘蔗缺水和季节性干旱严重　90%以上的广西甘蔗种植在旱坡地,干旱导致单产量仅为 45～60 t/hm²;约 85%的云南甘蔗种植在旱地,旱地甘蔗单产量为 45 t/hm²;约 70%的广东甘蔗种植在灌溉条件差的土壤上,缺水旱地甘蔗平均单产量为 75 t/hm²。以粤西优势蔗区湛江为例,虽然湛江市年平均降水量达 1 100～1 400 mm,但降水时空分布不均,一般 5～9 月降水量占全年的 80%以上,10 月至翌年 5 月的月平均降水量只有 12.2～92 mm,这段时间气温高,蒸发量大,故常出现冬春连旱和秋旱的现象。干旱影响可长达 7～8 个月,往往是“十天无雨一小旱,一月无雨成大旱”。冬春连旱极大地影响了甘蔗的种植和种植后的萌芽出苗,造成种苗干耗、缺苗断垄、前期生长受抑。干旱和缺水也是影响甘蔗施肥的因素。若在甘蔗种植时基肥施用过量,会导致烧苗;在夏季追肥时,只能靠雨后施肥。季节性干旱成为甘蔗高产高效最主要的制约因素,也是造成甘蔗生产成本高、竞争力不强的不利因素。

(2)土壤肥力水平低　①甘蔗基本都种植在地力条件差的地区,土壤类型复杂,基础肥力水平差异较大。刘少春等(2007)对滇东南、滇西、滇南等蔗区土壤养分进行了测定,结果表明,不同蔗区间土壤基础肥力存在明显差异,同一蔗区内的变化差异更大。造成土壤差异较大的客观原因是甘蔗种植区域土壤类型复杂,包括赤红壤、红壤、燥红土、黄沙泥、黄胶泥、黑胶泥、赤黄红壤、棕壤和紫色土等类型,其中尤以赤红壤、红壤居多,其次为黄沙泥、黄胶泥。②施肥和甘蔗长期连作也是影响土壤肥力的主要因素。长期以来,甘蔗生产施肥多以单质肥或普通复合肥为主,氮、磷和钾的比例不合理,长期偏施、重施而生产上又无有机肥的投入补充,势必引起有机质的下降,造成土壤中某种营养元素失衡,肥力水平逐渐衰退。③同种作物连年种植在同一块地上。作物的吸肥特性决定了该作物吸收矿质营养的种类、数量和比例相对稳定,因此,年年种植同种作物势必造成土壤中某些营养元素的严重匮乏。由于耕地资源的有限性,蔗区土壤基本上难以进行有效的轮作,而长期的连作就不可避免地造成土壤养分比例的严重失调,甘蔗生长发育不同程度地受阻,导致产量下降,质量变劣。

(3)土壤酸化严重　广东湛江蔗区的土壤 pH 为 4.1～5.0,土壤多为强酸性红壤。根据某课题组对广东蔗区 2 000 多份土样调查分析发现,广东蔗区土壤的 pH 大多为 4.0～5.5,约占样本总数的 99%,其中 pH 低于 4.5 土壤的占 48.6%,属于极强酸性土壤;整个粤西蔗区土壤 pH 平均均为 4.55。酸性土壤往往存在严重的活性铝、锰毒害,具有较强的固磷能力,加上其他有效养分失衡,故而限制了作物产量与品质的提高。

4. 户均种植规模小,土壤养分空间变异大

我国甘蔗主要种植在广东、广西、云南、海南的丘陵旱坡地,土壤养分空间变异非常大,不利于甘蔗测土配方施肥等养分管理技术的发展。同时,我国户均种蔗规模非常小,平均每户只有 6 亩甘蔗(相当于 0.4 hm²),原料甘蔗生产主要靠数以万计的农户小规模种植。据不完全统计,50 亩以上专业户的种植面积仅占甘蔗总面积的 13%。而一般国外每个农户的种植面积都在几百亩,甚至上千亩。例如,澳大利亚甘蔗农场的规模大多为 30~250 hm²,平均为 80 hm²,泰国每户蔗农的种植面积达 25 hm²,巴西蔗农户均达 40 hm²。我国甘蔗户均种植规模小,专业化及设施化程度低,给许多科技成果、养分综合管理的推广和应用带来了困难。

5. 长期连作,连作障碍突出

同一地块连续栽培同一种或近缘种植物导致第 2 茬以后的作物产量明显降低、品质下降、病虫害发生频繁等现象被称作连作障碍。甘蔗属于比较忌连作的作物,长期连作可导致甘蔗产量下降 10% 以上。在我国甘蔗生产中,由于耕地有限、经济利益驱动和栽培条件等因素限制,甘蔗生产存在较大面积的常年连作区。同一块地连续种植甘蔗 10~20 年以上导致甘蔗生长不良、产量和品质下降等问题,这已成为我国甘蔗生产实践的一个严重问题。长期连作必然造成土壤中某一种或几种营养元素的亏缺。在得不到及时补充的情况下,其会影响作物的正常生长,造成产量下降。长期连作的甘蔗的根系经过腐解可产生羟基苯甲酸、香豆酸、紫丁香酸、香子兰酸、阿魏酸等化感物质。当这些物质在水溶液中浓度大于 50 mg/kg 时,就会显著抑制甘蔗幼苗的生长。

1.3.3 我国甘蔗养分资源管理在甘蔗产业中的重要性

养分资源综合管理在甘蔗产业中具有重要作用,不仅为甘蔗的生长、产量和品质的形成提供基本的物质保障,还与甘蔗土壤环境密切相关。甘蔗养分资源综合管理的重要性主要有以下几点。

1. 蔗农收益

在我国甘蔗生产中,肥料投入量大,投入成本高。根据调研结果显示,蔗区肥料投入成本为 7 500 元/hm² 左右,有的肥料投入高达 10 000~15000 元/hm²。过高的肥料投入并没有取得相应的收益。科学的养分管理可以有效降低肥料成本,保持并提高甘蔗产量和品质,这对于蔗农增收具有重要作用。

2. 甘蔗养分资源的高效利用

不合理的养分资源管理方法是造成养分资源浪费和利用效率低下的重要原因。相关资料表明,与其他作物相比,我国甘蔗的养分利用效率偏低,甘蔗氮肥利用率为 10%~20%,磷肥利用率不足 10%,钾肥利用率为 20%~40%,且不同的甘蔗种植区域差异很大。这种现象与我国甘蔗种植管理水平参差不齐、养分投入盲目有关。

3. 蔗田土壤的环境质量

不合理的养分资源管理措施,特别是养分过量投入不仅不利于甘蔗高产高糖目标的实现,还会对甘蔗生产的土壤、大气及水环境造成不利影响。过量施用氮肥不仅会造成硝态氮淋洗损失加剧,而且容易导致甘蔗养分不平衡,引发多种生理和非生理病害。在过去的几十年中,肥料的过量施用已导致我国大部分蔗田土壤氮、磷、钾的含量大幅度增加。部分蔗区出现了由养分资源管理不当而引起的系列问题,如造成土壤有机质下降、土壤酸化、板结等。这些问题进一步限制了土壤生产力的提高。

第 2 章

甘蔗形态特征及生育特性

2.1 甘蔗形态特征

甘蔗是高秆单子叶禾本科植物,由根、茎、叶、花和种子5个部分组成,其中花和种子仅在海南及广西、云南的西南部等条件适宜的地方可见。甘蔗栽培通常采用无性繁殖与宿根栽培。

2.1.1 根的形态特征

1. 根系是甘蔗的重要组成部分

甘蔗根系属于须根系,着生于各节根(图2-1),密布于表土内,在蔗株吸收水肥、合成产物和防风抗倒伏等方面起着重要作用。根系发达且延伸性好的甘蔗品种不仅耐风、耐旱和抗病虫的能力强,而且宿根性强,可为甘蔗栽培提供良好的生长基础。

2. 甘蔗通常选用蔗茎作为种苗进行繁殖

依照蔗根的发生部位和时期,蔗根可分为种根和苗(株)根2种:①种根发自蔗种节上的根点,比较纤弱,吸收和入土能力都较弱,寿命短,会逐步被新生苗根所代替,也被称为临时根。在苗根未长出前,由种根提供甘蔗幼苗生长所需的水分和养分。②苗根发自新株基部的根点,粗壮、色白、肉质、分枝少、吸收力和入土能力都很强,生势旺盛寿命长,也被称为永久根。初生苗根为白色肉质状,随着根的生长,颜色逐渐转为褐色,当最老的皮层死亡后则变为黑褐色;根皮层随着根的生长及衰老逐渐由饱满转为皱缩状,最终松弛自中柱分离,慢慢失去

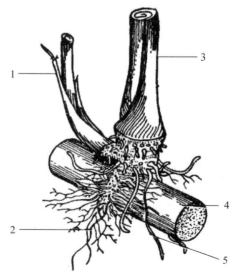

1. 分蘖茎;2. 种根;3. 主茎;4. 蔗种;5. 苗根。

图 2-1 甘蔗根系的构造

11

吸收和支持的能力。

在甘蔗的生长发育过程中,蔗株的基部会因蔗株的生长和覆土的增厚而不断长出新根,促使根系不断更新,以此保持旺盛的吸收力来适应变化的环境条件,并维持蔗株的生长发育。在甘蔗拔节伸长后,有时地面上蔗节的根点会萌动,长成气根,这与品种、环境条件及技术措施有关。在表土潮湿及不剥叶或发生水淹的情况下,蔗行间相对湿度过大,蔗节的根点易发生气根。这些气根不仅没有吸收作用,反而会消耗甘蔗自身的养分,增加蔗茎收获难度,因此,在生产上要采取相应措施来防止气根生成,保证甘蔗植株的正常生长。

甘蔗生长发育的环境条件对整个根系的生长及其在土层中的分布状态有重要影响。在水田或者地下水位高的田地中栽培甘蔗,根系会发育不良,并且无法纵深伸延;在高旱地栽培甘蔗,根系能够向更深的土层延伸生长,但是干旱缺水则会造成甘蔗根系无法正常发育。因此,要注意在甘蔗的栽培过程中降低地下水位,做好排水灌溉工作,在保持土壤松软湿润的同时,应施足基肥,为根系生长创造良好的生长环境,这样才能保证蔗株的正常生长和保障甘蔗的产量。

2.1.2 茎的形态特征

蔗茎是由若干个节和节间组成的,着生有叶片、叶鞘、芽和其他附属器官(图2-2)。作为蔗株的重要器官,蔗茎在蔗株的生长过程中发挥重要作用:①为蔗株提供支撑作用;②为蔗株生长输导养分和水分;③蔗糖储存的主要器官;④甘蔗无性繁殖的重要器官,其中茎的梢部蔗糖分低,常被用于种苗繁殖。

在正常栽培条件下,根据蔗茎的大小,甘蔗品种可分为3类:直径大于2.8 cm的甘蔗称为大茎品种;直径2.4～2.8 cm的甘蔗称为中茎品种;直径小于2.4 cm的甘蔗称为小茎品种。

1. 节间

节间位于蔗茎生长带之上至叶痕(茎上叶鞘脱落后遗留的叶痕迹)之间,从外至内包含表皮、皮层、基本组织和维管束4个部分。节间的形状因品种而异,一般呈圆筒形(如桂糖42号和福农41号)、腰鼓形(如粤糖93-159和赣蔗14号)、细腰形(如竹蔗)、圆锥形(如川糖81-267和粤糖00-236)、倒圆锥形(如新台糖22号)和弯曲形(如桂糖50号)等(图2-3)。茎的颜色因品种而异,以黄绿色和紫红色为主,也有粉色和深紫色等。同一品种的蔗茎颜色也不尽相同。其会由环境的不同而发生改变,如阳光照射的强度和时间都能引起蔗茎颜色发生变化。蜡粉覆于蔗茎表面,为节间表皮细胞分泌物,具有保护作用。蔗茎蜡粉最初为白色,经霉菌或藻类滋生后会逐渐变成黑色,不易脱落。在节间上端接近叶痕处,一般蜡粉较厚,并且环绕形成蜡粉带。蜡粉带的宽窄和厚薄会因品种而异,如粤糖96-835和桂糖51号蜡粉带明显,川蔗28和粤糖00-236蜡粉带薄。有时节间上还会出现深入蔗茎且与节间平行的裂痕,这个裂痕被称为生长裂缝(水裂)。其最长可贯穿节间全长至根带,最深可达蔗茎中心位置。生长裂缝的发生、长度和深度与品种及生长环境息息相关。在水肥供给充足的条件下,蔗茎在生长旺盛时期遭遇干燥的大风天,甘蔗蒸腾强度突然增大,某些品种易产生裂缝。生长裂缝的产生不仅增加了甘蔗的蒸腾作用,易造成蔗茎水分损失,并且暴露在空气中的蔗茎组织也容易受病虫侵害,影响甘蔗的正常生长。有些甘蔗品种的节间上还会出现一些分布不规则的木栓条纹和灰褐色的木栓斑块,这个木栓斑块被称为栓裂。栓裂是品种生态特性的一种表现,对甘蔗生长发育影响较小。

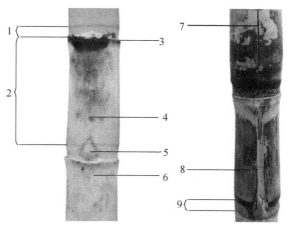

1. 节；2. 节间；3. 叶痕；4. 芽沟；5. 芽；6. 蜡粉带；7. 生长裂缝；8. 木栓斑块；9. 根带。

图 2-2　蔗茎的构造

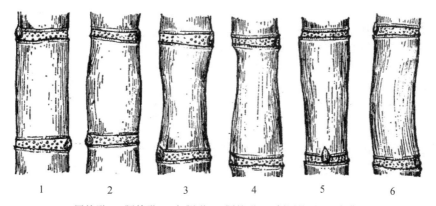

1. 圆筒形；2. 腰鼓形；3. 细腰形；4. 圆锥形；5. 倒圆锥形；6. 弯曲形。

图 2-3　甘蔗节间形状

一般节间的数目为 10～30，长度为 3～25 cm。节间的长短、粗细和数量不仅受到种性的影响，还与外界的栽培环境有关。节间的长度和粗细与水肥供应有密切关系，节间数主要受生长积温的影响。在同一个蔗区，同一甘蔗品种应对其采用不同的栽培条件，甘蔗节间数的差异不大，但节间长度和粗细会发生较大变化。因此，提早种植，并调节水肥供应措施可以促进节间伸长，增加总节数，提高甘蔗产量。

2. 节

节是生长带之下且叶痕之上的蔗茎部分，包含生长带、根点和根带、芽等器官（图 2-4）。节的形态各异，包含凸出、平直、凹陷或倾斜等。

（1）生长带　生长带也称生长环，是节与节间分界处形成的一条狭环带，位于根带之上，节间之下，颜色较淡，通常呈淡黄色、淡绿色或绿色。未定型的生长带居间分生组织细胞会不断增大和分裂，从而使节间伸长和增大。当甘蔗倒伏时，茎生长带居间分生组织细胞分裂不均衡会导致地面上的一侧迅速伸长，蔗茎弯曲向上生长。生长带的颜色、宽度、凹陷和凸起因品种而异，因此，生长带的特征可作为鉴别品种之用。由于生长带为分生组织，比较脆弱，因此，生

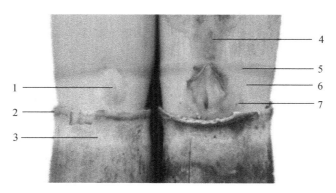

1.芽；2.叶痕；3.蜡粉层；4.芽沟；5.生长带；6.根带；7.根点。

图 2-4　甘蔗节的构造

长带过宽的品种的抗风能力差，容易受到风折或机械折损。

（2）根点和根带　根点是位于生长带和叶痕之间的根原基。在适宜的温度、湿度和空气条件下，根点易萌发生出种根。根点幼嫩时，颜色较浅，成熟后与节间的颜色相似，且每个根点凸起的中心颜色较深，周围颜色较浅。根带为生长带和叶痕之间的一至数行根点形成的环状带，通常有圆筒形、圆锥形和倒锥形等。同一蔗茎越接近基部，根点的行数越少，最下部只有一行。根带顶端的根点最小，基部的根点最大，且位于根带下方的根点更易于发根。根点多的甘蔗发根相对也多，根点的行数与甘蔗生产有较大关系。根带的形状、颜色和根点行数因品种而异，可作为鉴别品种之用。

（3）芽　芽是甘蔗主要的繁殖器官，着生于根带中部、平于叶痕或陷入叶痕。在理论上，每节具有一芽。有时会出现所有蔗茎均没有芽或部分节缺失芽的现象，一些特定品种则出现双芽（2 个芽共同包被在 1 个芽鳞内或全分开）的现象。芽的形状大致可分为 9 种：三角形、椭圆形、倒卵形、五角形、菱形、圆形、卵圆形、长方形和鸟嘴形等（图 2-5）。最常见的形状为椭圆形，其次是三角形和五角形，鸟嘴形极少见。一般三角形蔗芽野生性和萌芽能力都较强，圆形蔗芽的萌芽能力较弱，但栽培能力较强。在蔗茎的节或节间上任何部位均可能长出不定芽。前人实验观察认为，不定芽是昆虫啃食蔗茎后形成的瘿，并从瘿上产生大量芽的畸形现象。

芽鳞也称为原始叶，包被在蔗芽外层，形似帽子，表面有线状芽脉。第一芽鳞是蔗芽最外层的包被物，前后不对称：前面部分约比后面部分长 1 倍，有部分凸起，芽孔位于叠合处的上方，是幼芽萌发出口的通路；后面部分完整、扁平，贴近蔗茎。蔗芽的芽孔通常位于芽的顶端，圆形芽的芽孔则多位于芽的中部。芽鳞有毛群分布，毛群的长短疏密因品种而异，如新台糖 25 号的蔗芽具有 7 号、8 号、10 号和 16 号等毛群，桂辐的蔗芽具有 10 号毛群。芽翼位于芽鳞的边缘，呈薄膜状。芽翼的宽度、长度和位置的高低与芽的形状有密切关系。当芽鳞幼嫩时，芽翼颜色较浅，并随芽鳞渐老其颜色由浅变深，最终呈黑褐色，质地坚硬干枯。芽鳞的形状、颜色、着生部位及芽翼毛群长短等在鉴定甘蔗品种上具有重要意义。

芽沟位于芽正上方，是呈凹陷状的纵沟，由下往上延伸，逐渐变浅。芽沟的有无、长短和深浅因品种而异。芽沟深而长的野性性强甘蔗品种，萌发能力强；芽沟不明显或无芽沟的甘蔗品种则栽培性强。

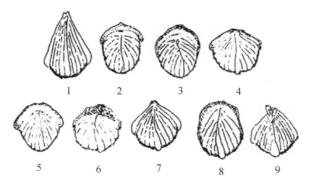

1. 三角形;2. 椭圆形;3. 倒卵形;4. 五角形;5. 菱形;6. 圆形;7. 卵圆形;8. 长方形;9. 鸟嘴形。

图 2-5　甘蔗芽的形状

2.1.3　叶的形态特征

蔗叶是蔗株光合作用的主要器官,包含叶片及叶鞘 2 个部分(图 2-6)。蔗叶通常互生于蔗节,每节生一叶,在茎的两侧排列成两行,为典型的二列式结构排列生长,偶有螺旋或互对生排列生长。甘蔗新生的叶片随着蔗茎的伸长而向上舒展。

1. 叶片

甘蔗叶片着生于叶鞘上方,狭长扁平,中部具有白色叶脉及多条平行脉。甘蔗的叶片姿态呈多样,如挺直、疏散、弯散、斜散和斜集等。叶中脉较发达品种的叶片姿态多呈挺直,叶中脉不发达品种的叶片多披散下垂。蔗叶的大小、厚度、长度、颜色、叶缘锯齿和毛群分布等因甘蔗品种或种性的差异存在不同。叶片披散度小、着生角度小、直立且发生内卷、叶背向阳易受阳光直接照射、狭窄等是甘蔗抗虫的主要形态特征;通常高产高糖基因型的甘蔗叶片较短窄且叶脉数较少;通常抗旱甘蔗品种叶片较窄,叶绿素含量高,叶片上、下表皮的刚毛数多。一般热带种的叶幅宽而长,中国种和印度种次之,野生种的叶幅最狭、最短。

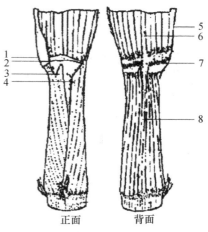

正面　　背面

1,7. 肥厚带;2. 叶舌;3. 叶耳;4. 外叶耳;
5. 叶片;6. 叶中脉;8. 叶鞘。

图 2-6　甘蔗叶的构造

甘蔗基部的叶片很小,呈鳞片状,最基部没有叶片,只有极短小的叶鞘和芽的鳞片。从基部往上,叶片长度会逐渐增加,中部叶片达到最大长度后又逐渐递减。当甘蔗抽穗时,顶上有一个极短的叶片称之为心叶,也称之为剑叶、旗叶或止叶。

在正常栽培条件下,甘蔗叶多呈绿色,有些品种在苗期呈红紫色或青蓝绿色。此外,叶色也受到水肥条件的影响。当其氮素缺乏时,叶色会转淡变为黄绿色;当其磷素缺乏时,叶色初期为蓝绿色,后转为黄绿色;当其镁素缺乏时,嫩叶为淡绿色,老叶为黄绿色。因此,叶色在甘蔗生产过程中可作为营养诊断的依据。

2. 叶鞘

甘蔗叶鞘自节下部的叶痕处长出,两边缘相互叠抱,中部厚边缘薄,紧紧抱茎,呈管状。叶鞘外表面一般呈绿色、绿中带红或红紫色,背部多有茸毛覆盖,内表面呈白色,光滑无毛。叶鞘长度为 15～20 cm,大多成熟节的叶鞘宽度与节间边缘存在一定比例,约比节间边缘长 1/3。叶鞘颜色、厚度、长度、宽度,节间边缘的比例,抱茎的情况和背部毛群分布均是甘蔗品种鉴定的重要特征。

叶鞘在干枯后的自然脱落难易程度因品种而异,分为自然脱落和需人工剥落 2 种。叶鞘难脱落的品种无论人工收获或机械收获都较困难,在生产上以叶鞘易脱落或自动脱落的品种为主。叶鞘脱落或剥落后的叶痕大小因品种而异,生产上以叶痕小为好。叶鞘和叶片的结合处称为叶节,包含叶环、叶舌与叶耳等器官。这些器官表面上的毛群分布极为重要,可作为甘蔗种性分类和品种鉴别的重要依据。

(1)叶环　叶环作为叶片和叶鞘相连接的部位,其外表面为叶颈,内表面为叶喉。叶颈部位有 2 个肥厚带,具有弹性和伸缩性,可以折转和调节叶伸展的角度,蔗茎与叶片之间的角度会随着肥厚带的增大而加大。肥厚带小的蔗株叶片较直立,适宜窄形种植;肥厚带大的蔗株易造成破裂,使叶片缺失向光的能动性。肥厚带的形状、大小和颜色因品种而异,一般分为三角形、方形和舌状形,颜色有绿色、黄绿色、灰橙色、灰绿色和褐色等。例如,新台糖 16 号的肥厚带窄,为舌形,呈淡紫红色;桂引 9 号的肥厚带为三角形。肥厚带的形状在叶片成长后会略微发生改变。

(2)叶舌　叶舌为叶片与叶鞘内表面上缘连接处的膜状附属物,呈整片或裂片,可以阻止水分、昆虫或其他杂物落入叶鞘与蔗茎之间,通常为三角形、新月形、带形和弯曲形,少数为不对称斜形平行及中间类型。幼嫩的叶舌呈半透明状,老时干枯、变色、破裂。由于叶舌的特征不易受外界环境影响,因此叶舌在甘蔗品种鉴定上具有一定的意义。

(3)叶耳　叶耳是位于叶鞘上部边缘两侧的像耳形的附属物,分为内叶耳和外叶耳。内叶耳、外叶耳的形状和有无会因品种而异,如粤糖 96-86 和赣蔗 96-108 的内叶耳、外叶耳均为三角形;Z1-2004 的外叶耳为三角形,内叶耳呈过渡形;台糖 173 的内叶耳、外叶耳均缺失。此外,披针形的叶耳也较常见,如福农 95-1702 和新台糖 17 号的叶耳形状均为披针形,而镰刀形、钩状和矩形叶耳则较少见。

2.1.4　花及种子的形态特征

在适宜的光照、温度、湿度等多因子的作用下,甘蔗的生长锥从分化茎和叶转为分化花和芽,进入抽穗、开花、受精和结实。由于甘蔗开花会降低蔗糖分和产量,因此,在生产上会采取一些措施来减少或延迟甘蔗的开花。

1. 花序

甘蔗植株生长发育到某一阶段在光照、温度和湿度等条件下,其生长锥由营养阶段进入生殖阶段,产生花原基。甘蔗花序为顶生圆锥花序,由主轴、支轴、小支轴、小穗柄和小穗组成(图 2-7)。花序的形状有 3 种,分别为圆锥形、箭嘴形和扫帚形。花序的颜色是由颖基毛的颜色决定的,一般呈浅紫银灰色。

2. 小穗

每一花轴节上着生 2 个摆列成对的小穗,下部小穗较大而无柄,为无柄下位花,上部小穗小而有柄,为有柄上位花,每朵花的基部均着生长柄腺毛。无柄下位花所结的颖果萌芽率高于有柄上位花所结的颖果萌芽率。每个小穗包含颖片、外稃、内稃、雄蕊和雌蕊等。每朵小穗有

2 个颖片:第一颖有 2 脉(维管束);第二颖有 3 脉。小穗第一外稃膜质无毛,第二外稃微小或退化为透明的膜状物,内稃狭小缺脉纹。完整的小穗还包含小颖,是位于内稃内层的一层薄稃膜,大部分栽培种缺失小颖。

每个小穗包含:①3 枚雄蕊;②长椭圆形的花药 2 室;③成熟的球形花粉粒,含 1 个营养核和 2 个精子核;④着生于子房基部的花丝,其维管束与药隔中的维管束相连,呈白色且短,随小穗张开迅速伸长;⑤雌蕊 1 枚,为深紫色,含花柱、柱头及胚珠;⑥子房 1 室,含有 1 个胚珠,幼期为半圆形,增大后弯曲为倒生胚珠;⑦花柱 2 枚,具有分枝,开花当日,柱头形态伸展,呈蓬松羽状,为深红色;⑧2 枚鳞被,位于外稃相对处,无色,呈楔形,吸水会发生膨胀。

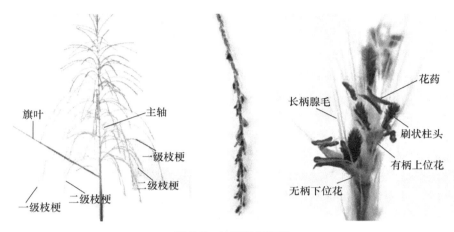

图 2-7 甘蔗花序构造

(引自林秀琴等,2018)

3. 颖果

甘蔗的颖果很小,一般长约为 1.5 mm,宽约为 0.5 mm,呈长卵形。颖果在未成熟时呈乳白色,成熟后为棕褐色。成熟的颖果包含果皮、种皮、胚乳及胚。种皮位于果皮之内,与果皮合生,不易分开。胚乳位于种皮以内,分为糊粉层和胚乳细胞 2 个部分。糊粉层紧贴种皮,只有 1 层内含蛋白粒的细胞,又称之为蛋白质层。胚分为胚芽、胚根、胚轴和子叶 4 个部分,位于胚乳一侧的基部。胚芽由生长点之外的数片初生叶构成,包被在胚芽鞘内,位于胚轴的上方。胚根位于胚轴的下端,由胚根冠和生长点构成。子叶因形如盾状,又被称为盾叶。子叶胚乳交界处有一层上皮细胞,能在甘蔗种子萌芽时分泌酶类到胚乳中,消化、吸收胚乳中的储存物质,转移至胚的生长部位。

2.2 甘蔗生育特性

2.2.1 根的生育特性

甘蔗根系的生长发育因甘蔗品种不同而存在差异。凡是根系发达、分布广阔深远的品种,其对不良环境的忍耐性强,适应性广,宿根性也好。

1. 萌芽期和幼苗期的根系生长特点

种苗下地后,在适宜的生长环境条件下,其内部的各种酶的活性及呼吸作用增强,根点的休眠状态被打破,发育成种根。种根发生数量是由种苗根点的数目及根点发根率决定的。种苗的根点会因品种和节位的不同而存在差异。大茎种根点较多,小茎种根点较少;甘蔗第 1～4 蔗节平均约为 3 个根点,第 5～10 蔗节为 14～17 个根点。根点发根率也因品种不同而存在差异。据植后 10 d 观察发现,热带种的发根数最多,印度种次之,野生种割手密最少,平均每节的发根数分别为 28 条、10 条、2.3 条。

种根一般长至 5～10 cm 时开始发生支根,随后可继续发生支根 4～5 次。种根大多纤弱,入土力、生长力和吸收能力也较弱,寿命短。在春植甘蔗生长 6～8 周后,其种根会陆续死亡,被苗根所代替。种根最有效的时间为萌发后的 3～4 周,其能从土壤中吸收水分和养分,对幼苗生长非常有利,特别是当土壤表层水分较少时,种根的作用尤为重要。因此,在甘蔗生长初期,要注意种根的发育情况,防止由田间积水、干旱、病虫害等造成种根发育不良,甚至死亡,从而影响种苗的萌发及幼苗生长。

初期的幼苗只有部分根点能够萌发,余下未萌发的根点则保持休眠状态。当已萌发的种根被切除或遭损坏后,休眠的根点会受到刺激而萌发。当甘蔗催芽下种或育苗移栽时,常有部分种根受损,余下的根点受到刺激后会萌发补充其种根。甘蔗根系的这种发育特性是对环境的一种适应性,有利于种苗抵御不良环境。

在幼苗长出 3～3.5 片叶时,苗根从幼苗基部茎节的根点中萌发长出,这部分也被称为永久根。其入土和吸收能力强。在春植下种后的第 2 个月,幼苗的水分和养分由种苗和种根过渡到苗根;在下种后的第 3 个月,苗根完全取代种根。种根和苗根过渡的动态变化可通过苗龄根干重的变化看出:当苗龄为 38 d 时,种根干重为 0.8 g/株,苗根干重为 3 g/株;当苗龄为 55 d 时,种根干重为 0.7 g/株,苗根干重为 12 g/株;当苗龄为 81 d 时,种根干重为 0.4 g/株,苗根干重为 20 g/株;当苗龄为 104 d 时,种根干重降为 0.1 g/株,苗根干重为 27 g/株。当苗根完全取代种根后,蔗株生长所需的水分和无机养分均依靠苗根来供给,发出的苗根以表根居多,应及时供给肥料,以促进苗期的生长。

2. 伸长期的根系生长特点

伸长期是根系生长最旺盛的时期。根系的数量和吸收能力在这一时期都远远超过其他时期。甘蔗伸长期的根系为苗根,每一个分蘖发生,分蘖茎基也同样会长出苗根。甘蔗的根系功能随着甘蔗的生长不断更新。其不仅能够吸收水分和养分,还具有固定蔗株和抗倒伏的功能,因此,拥有一个发育良好的根系是甘蔗高产所必须具备的条件。

在苗根发生后,一部分苗根横向辐射状生长,另一部分苗根斜向或垂直的方向伸延至土壤深层。苗根在表层土横向伸展的部分会生出许多分枝,这些分枝被称为第一次分枝,在第一次分枝上再生出第二次分枝。在正常生长环境条件下,这部分横向伸展的根系在吸收水分和矿质营养方面起着主要的作用。伸展至土壤深层的根系也会生出分枝。当遭遇干旱或土壤水位低的情况时,该部分根系则承担重要的吸收作用。对不同土层中甘蔗根系的干重或鲜重进行的调查发现,根群主要集中分布在土层 0～40 cm 处,其中 0～20 cm 的表层土根群分布最多,如台湾 134 在土层 0～20 cm 处的根系鲜重占总鲜重的 60%,在土层 20～40 cm 处的根系鲜重点占总鲜重的 33%。

根群的数量并不是固定不变的。它会随着甘蔗的生长不断增加,其中伸长期是甘蔗根系数量增加最快的时期。但其在土壤中的分布还会因温度、土壤通气和土层含水量等各种因素而发生改变。温度,特别是土温对甘蔗根系的生长及吸收功能有着重要影响。根系生长的最适宜土温为 27 ℃,高于 20 ℃ 生长较快,低于 10 ℃ 则无法生长。在日间条件相同的情况下,晚间低温也会对甘蔗的根系生长和吸收产生很大影响;在夜温为 14 ℃ 与 23 ℃ 的条件下,甘蔗的生长量相差约为 1/2。根的正常生长和吸收均需要氧气的呼吸作用。当土质疏松、孔隙度大时,根系生长和吸收机能都较好;反之则会阻碍根系生长。此外,土壤中各层的水分含量和地下水位的高低也会对根系生长和分布产生影响:土壤上层保持湿润,根群在土表即可获得充足的水分,向下层伸展的根群就少;土壤表层水分不足,根群便会向土层深处伸展,以获得足够的水分来维持蔗株的生长。因此,生长在干旱田地的甘蔗根群往往分布较深。反之,若蔗田地下水位过高,影响土壤的通气,则会阻碍根系的深扎并降低根系的吸收功能,出现叶片发黄、生长停滞的现象,甚至会造成根群腐烂死亡。因此,当珠江三角洲等地下水位高的地区种植甘蔗时,降低地下水位,实行水位标准化等措施能够起到明显的增产作用。

　　3. 宿根蔗的根系生长特点

宿根栽培具有节约种苗、省工省时和早生发快等优点,因此,成为各蔗糖生产国家甘蔗生产的主要种植制度。宿根蔗的根系由老根系和新根系组成。老根系是上造甘蔗收获后遗留下来的蔗蔸(蔗头或蔗桩)上的根系。其上层的根在较长时间内仍能发出新的支根并密布根毛,具有较强的吸收机能,是老根系的主要构成部分;下层的根系长出支根少,不生根毛,生活力弱,多呈黑褐色。新根系发生于蔗芽萌动后且未出土前,并会随着新蔗株的生长产生大量的新株根,以逐步取代旧根系,形成一个具有主导吸收作用的庞大新根系。

宿根蔗的根系在土壤中分布广泛,大部分根系分布在耕作层的 10~25 cm,最深的根系分布可达 60 cm 以上。宿根蔗的根系分布特点并不是固定不变的。蔗蔸的位置会随着宿根年限的延长而升高,宿根蔗根系分布也会随之升高变浅,一般每年上升 3~5 cm。因此,在生产上可通过破垄松蔸等措施降低蔗蔸的位置,为翌年宿根蔗的生产打下良好基础。

宿根蔗老根在相当长的时间内可以保持较好的吸收机能,为蔗芽的萌发、新株根的生成和宿根蔗前期的生长提供水分和养分。这种吸收机能的强弱是由上造甘蔗留下活根的数量、支根发生的情况和根毛的疏密等因素决定的。老根的寿命较长,一般为 3~4 个月,最长的寿命可达 7~8 个月。由于宿根蔗在生长前期拥有老根系和新根系,对水分和养分的吸收能力强于新植蔗根系,因此,蔗株生长优于新植蔗;由于老根系在生长后期逐步失去吸收作用且新根系分布较浅,对水肥的吸收能力减弱,甘蔗的生长速度下降,容易出现宿尾的现象。因此,在宿根栽培上应采取早施供茎肥、补施壮尾肥和早管理等措施,以促进宿根蔗的全期生长。

2.2.2　茎的生育特性

蔗茎的生长情况直接决定了甘蔗产量的高低。蔗茎作为输导水分、养分及储存蔗糖分的器官还具有支撑蔗株直立和为种苗进行无性繁殖的作用。蔗茎的生长特点包括伸长以及干物质、体积和重量的增加,其中伸长是其最明显的特点。

2.2.2.1　蔗茎的生长特点

蔗茎的生长包括节的增加和节间的伸长、增粗两个方面。由于蔗茎没有次生长,所以茎的伸长与体积的增加关系密切,成正比。蔗茎节数的增加是茎尖生长锥分化的结果,与叶片数的增加一致。茎尖生长锥分化速度的总体规律是前期少,中期多,后期逐渐减少至接近零。据相关资料显示,7月11日至8月8日,平均每长一节需要5.5 d;8月8日至9月5日,平均每长一节需要5.34 d;11月28日至12月26日,平均每长一节需要的时间最长,为25.45 d。

节间的伸长需要借助节间分生组织、生长带的分生作用和依靠细胞的扩展来完成,节间的增粗则依赖细胞体积的扩大来完成。由于节间生长带属于半分生组织,分生作用的时间和细胞的扩展期都有一定的限度,因此,节间的伸长、增粗只限于青叶包被的节间。一旦节间露出叶鞘外,其节间的伸长和增粗则基本停止。叶片、叶鞘和节间的生长有一定次序:叶片最先生长,其次为叶鞘,再次为节与节间,具有连续性。当叶片展开时,叶鞘才明显增长,节与节间开始生长;当叶鞘生长基本停止时,节间生长进入旺盛期。节间的伸长和增粗大致同时进行,但是节间的增粗比伸长开始得早,结束得晚。如果某一节间在伸长时遇到不良的环境或该节的叶片受到损坏,则此节间的生长会受到抑制而形成短小的节间。因此,在甘蔗伸长期要保证持续的水肥供应和优良的环境条件,从而使得各节间均衡生长。在正常条件下,蔗茎的生长曲线呈S形(表2-1);生产初期茎的生长速度缓慢,生长盛期最快,后期又逐渐下降。此外,甘蔗伸长期的长短与下种期有密切关系。通常春植蔗早植,伸长期较长,反之则伸长期较短。伸长期的长短直接影响甘蔗的产量,因此,适当早植是甘蔗增产的一个重要措施。

表 2-1　蔗茎的节间长度及直径随节序升高的变化　　　　　　　　　　　cm

节序	节长	直径	节序	节长	直径
1	7.1	2.01	12	10.2	2.74
2	8.1	2.04	13	10.2	2.8
3	9.2	5.2	14	9.9	2.83
4	11.6	2.29	15	9.0	2.83
5	11.3	2.36	16	6.8	2.68
6	9.8	2.39	17	7.7	2.64
7	9.3	2.52	18	9.0	2.55
8	10.5	2.61	19	7.2	2.55
9	12.0	2.68	20	6.3	2.52
10	12.3	2.71	21	4.2	2.52
11	12.3	2.74			

引自邱玉桂. 甘蔗的品种及蔗茎的形态[J]. 广东造纸,1985,(2):3-8.

蔗茎可作种苗进行繁殖。不同蔗茎段因生长素的分布不同,其萌发力存在差异。生长素主要是在茎的顶端形成,特别是幼嫩部分产生得较多,并通过韧皮部运输,促进鞘部顶芽生长,同时生长素还能向下传导,促使顶端优势形成,抑制侧芽的萌发。因此,生产上一般采用梢头部茎段作种苗。在温暖湿润的条件下,一般采用2～3芽段作种,以保证蔗芽萌发的齐全、壮旺;在干旱低温条件下,宜选取多芽段作种,以利于保水保芽。

蔗茎是蔗糖储存的重要器官。当蔗茎的蔗糖分含量累积到最高水平、全茎各节蔗糖分比较一致且还原糖含量最少时,蔗汁最适宜用于工厂压榨制糖。甘蔗蔗糖分因品种的不同而存在差异,一般为12%～15%,高的蔗糖分可达17%以上,低的蔗糖分仅8%～9%。在生产过程中,常通过测定甘蔗茎上部和基部的蔗汁锤度来确定甘蔗是否适合砍收压榨。当上下节间的锤度达到0.90～1.00时,甘蔗应及时砍收压榨;当上下节锤度超过1.00时,甘蔗趋于过熟,蔗茎下部节间的蔗糖会转化为还原糖,俗称"回糖",蔗糖产量下降;当上下节的锤度低于0.90

时,甘蔗还未达到成熟期,过早砍收甘蔗会影响蔗糖产量。

2.2.2.2　影响蔗茎生长的因素

1. 温度

甘蔗是喜温作物,高温有利于蔗茎的生长。当温度为 18～30 ℃时,甘蔗生长良好,蔗茎随着温度升高伸长速率加快;当温度为 10～20 ℃或 34 ℃以上时,蔗茎生长受抑制,伸长缓慢;当温度为 0～10 ℃时,蔗茎伸长停止;当温度低于 0 ℃时,甘蔗组织受到冻害,生长点冻死。因此,在栽培上应结合当地的温度条件,延长甘蔗的伸长期,提高甘蔗单产。

在萌芽期、幼苗期、分蘖期和伸长期,高温、高湿的生长环境有利于甘蔗生长、分蘖和节间的伸长。其在提高甘蔗单产量的同时为甘蔗后期的蔗糖分积累打下基础。进入成熟期后,低温、干燥和昼夜温差大的环境有利于甘蔗的成熟和蔗糖分的积累。例如,白昼平均温度为 13～18 ℃,夜间温度为 5～7 ℃,昼夜温差为 10 ℃最有利于蔗糖分积累。

2. 水分

蔗株的各种生理活动的顺利进行都需要充足的水分。当水分供应充足时,茎尖生长锥和节间生长带的分生活动增强可以促进细胞分裂,并能使细胞液充足,膨压增加,以利于细胞体积的充分扩展;当水分供应不足时,蔗株的光合强度会降低,光合产物的生成减少;当土壤的持水量达到萎蔫系数时,光合强度为零,蔗株的各种生理活动也会因缺水而受到抑制,物质的吸收运输减少、叶片的呼吸作用增强会导致干物质消耗增加。因此,水分缺失必然会导致甘蔗产量和质量的严重下降。

水分对甘蔗分蘖及节间伸长具有显著的影响。在分蘖期进行适宜的灌溉能够促进甘蔗分蘖,保证有效茎数,并且对延长伸长期有重要作用。伸长期是甘蔗生长最快、光合作用和其他生理活动最旺盛的时期,对水分需求量非常大,占全生长期需求量的 50%～60%。裴润梅等(2000)利用南宁 1951—1990 年气候资料和彭曼蒙特斯公式计算广西南宁甘蔗逐旬的需水量:苗期需水量为 51.1 mm,分蘖期需水量为 76.4 mm,伸长期需水量为 471.5 mm,成熟期需水量为 113.5 mm,收获期需水量为 65.2 mm。我国华南蔗区 7—9 月的气候高温高湿,日照时间长,光照强度大,甘蔗每月可增长 30～70 cm;10 月后日照时间减少,温度和湿度下降,蔗茎每月生长速度降为 10 cm 以下。因此,在生产上可以通过检查甘蔗节间的长短来判断甘蔗伸长期的水分状况。在甘蔗伸长前中期,我国主要的蔗区一般为雨季,降水量充沛,栽培管理上应通过封沟蓄水、覆盖蔗叶等措施来提高土壤的保水能力,以此来提高甘蔗产量;甘蔗在伸长后期易受秋旱影响,应进行适时灌溉,防止由缺水造成的甘蔗减产。在栽培管理上,通过改春植为冬植或早春植,甘蔗可以提早进入伸长期,从而充分利用蔗区整个雨季的光、温、水资源,延长甘蔗旺盛的生长时间,保障甘蔗生产的产量和质量。

3. 光照

甘蔗是典型的 C_4 作物,对光照的需求高。在强光下,蔗株的光合产物多,生长健壮,节间纤维较多,抗病虫害和抗风能力增强,积累糖分也较多。随着光照强度的减弱,蔗株光合产物会减少,生长缓慢,病虫害和风力的抵抗能力下降,蔗糖分积累相对较少。

光的强度、波长和光照时长还会影响甘蔗分蘖及节间伸长。在分蘖期,光照充足不仅有利于甘蔗生长,还可以促进甘蔗提早分蘖,提高甘蔗成茎率。在伸长期,蓝光、紫光等短波光对细胞的伸长具有抑制作用,会造成节间较短,蔗株矮小,但有利于茎径增加和蔗糖分积累;红光等长波光则有利于节间伸长,蔗株较高,但蔗茎较小。此外,在光照时长充足的条件下,蔗株的光合产物也较多,生长也较良好。

4. 肥料

甘蔗的正常生长需要从土壤中吸收各种营养元素。在分蘖期,土壤中氮、磷、钾及其他营养元素中的任何一种供应不足都会影响甘蔗正常分蘖,降低成茎率,其中以氮和磷元素缺失影响最大。如果伸长期的光、温、水充沛以及施用充足的氮、磷、钾及中微量元素,则其不仅有利于蔗茎分化,茎节粗且长,蔗汁丰富,而且能提高甘蔗的产量和品质;如果氮、磷、钾肥配比不合适或供应不协调,则会造成蔗株矮小,蔗糖含量低。

2.2.2.3 蔗茎在蔗糖积累中的特性

在甘蔗伸长期以前,光合产物主要供应蔗芽和苗根的生长,并蔗茎生长缓慢;当进入甘蔗伸长期,光合产物主要用于甘蔗个体发展,蔗茎显著伸长增粗;当进入成熟期后,蔗茎生长转慢,光合产物主要用于蔗糖分的积累。

在甘蔗生长前期,蔗茎在生长的同时也能积累蔗糖分,但蔗糖分积累速度较慢且少;在甘蔗生长后期,蔗茎生长速度变慢,蔗糖分积累速度加快且变多。据有关资料显示,春植蔗在 7 月 29 日的蔗糖分仅为 2.84%,10 月 30 日的蔗糖分则迅速提升到 12.5%。蔗糖分在茎内的积累从基部节开始,自下往上逐节进行,并且随着株龄的增加而上升。当接近成熟期,基部各节的蔗糖分提升速度变慢,上部各节的蔗糖分提升速度较快,蔗茎生长缓慢;当到达工艺成熟期时,蔗茎生长停止,全茎各节段的蔗糖分几乎相等。如果在工艺成熟期未及时进行砍收压榨,蔗茎的蔗糖分就会出现过熟"回糖"的现象。

蔗糖合成的主要器官是蔗叶,其所需的蔗糖合成酶及蔗糖磷酸合成酶等均存在叶肉细胞质中。Hartt 等(1963)证实,蔗糖主要通过韧皮部筛管进行运输,既能向上运输,也能向下运输。蔗糖运输是复杂的耗能过程,与运输组织的呼吸作用密切相关。蔗糖经过韧皮部运输后不是直接进入蔗茎的薄壁细胞,而是通过细胞壁的酸性转化酶分解为葡萄糖和果糖,进入细胞质合成磷酸蔗糖,再转变成蔗糖进入液泡储存,如图 2-8 所示。

2.2.3 叶的生育特性

蔗叶的生长以叶片最先,然后才长出叶鞘。当叶片卷着露出时,其宽长已达到完全成长叶面积的 80%,叶鞘长度仅为长成叶鞘的 1/10 左右。当叶片的增长接近结束时,叶鞘才开始明显增长。每片叶自显露开始至完全张开一般需要 7 d 左右。该时间也受到品种、温度和水肥的影响。

除了最早和最晚的几片叶片间隔时间不同外,一般 5～7 d 长一片新叶。蔗叶的出叶速度受品种、水肥条件和气候影响较大。在肥料不足或低温干旱的情况下,一片新叶需要 14 d,甚至更长时间才能长出。早熟种出叶的速度较晚熟种快,青叶数也较多,但是后期的出叶速度相差较少,甚至晚熟品种的叶数更多。叶片的寿命一般为 30～150 d,这与生长环境及着生的位置相关:基部的叶片寿命最短,顶部叶片次之,中部叶片寿命最长。

蔗叶叶面积的大小对甘蔗的生长和最终产物影响较大。单株的青叶片数和单位面积的株数可以决定单位面积的总叶面积,通常以叶面积指数表示。在一定范围内,甘蔗的生物产量随着叶面积指数的增加而增加。因此,适当密植和增加单株的青叶片数既可以提高叶面积指数,也能增加甘蔗单产量。过度增加单位面积上的株数不仅不会有效提高甘蔗生物产量,反而会造成甘蔗群体透光度和叶绿素含量的下降,导致叶片寿命缩短,单株青叶数减少,影响蔗叶的

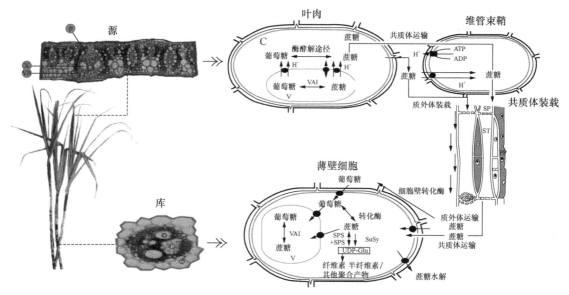

P. 韧皮部；X. 木质部；Pr. 薄壁组织；C. 细胞质；CM. 细胞膜；CC. 伴胞；PP. 韧皮薄壁细胞；SP. 筛管；VB. 维管束。

图 2-8　蔗糖在甘蔗中的合成、运输及储存

（引自 Asantha S. 等，2021）

光合作用，限制叶面积的增加，甚至会造成甘蔗生物产量和糖产量的降低。因此，在甘蔗种植过程中，需要通过合理密植来有效提高甘蔗生物产量和糖产量。

群体叶面积指数并不是都相同的，会随着各生长时期而变化，一般由小到大，后期又略有下降。甘蔗的最适叶面积指数与品种的株形、栽培技术和栽培条件相关。在保持较高群体透光率的前提下，应尽可能获得最大的叶面积指数并保持较稳定的数值，避免暴起暴跌以减少同化物质无谓的消耗。

1. 幼苗期叶片的生长特性

自芽萌发出土后 10％的蔗苗发生第 1 片真叶开始至 50％的蔗苗发生第 5 片真叶为止，属于幼苗期。甘蔗幼苗期的生长主要表现为叶片数和叶面积的增加以及地下苗根的发生。在幼苗期长出第 1 片真叶后，长出的叶片会逐渐变长，整个幼苗期能长出 4～5 片真叶。

在甘蔗幼苗长出 3～4 片真叶后，基部节上会发出苗根；苗根出现后又能从土壤中吸收更多的无机养分和水分供给地上部，促进叶片生长；在蔗株出叶速度加快后，叶面积更大，光合产物合成速率加快，能够充分供应有机养分，促进根系的进一步生长发育。叶片和根系生长相互依靠，相互促进，共同完成了从依靠种苗营养维持生长过渡到依靠自身独立生长的过程。此外，苗期的甘蔗由于叶面积较小，蒸腾作用较弱，水分不宜过多，土壤含水量能保持土壤最大持水量的 60％即可。

2. 分蘖期叶片的生长特性

分蘖期是指自分蘖的幼苗占 10％开始到全田幼苗开始拔节结束。分蘖的出现与叶片数相关：当主茎长出 3～3.5 片叶时，第 1 个分蘖芽开始萌动，待 6 片叶前后第 1 个分蘖出土；当主茎长出 7～8 片叶时，第 2 个分蘖出土；当主茎长出 10 片叶时，分蘖最多。叶龄与分蘖出土的关系还受到生长状况、季节和品种的影响。

3. 伸长期叶片的生长特性

伸长期是甘蔗生长最旺盛的时期,叶片生长十分迅速。在其他条件满足的情况下,甘蔗一般每月可以抽出 5~6 叶,每茎青叶数比苗期及成熟期多,达 10 片以上。若甘蔗种植密度过大,伸长期蔗叶会交叉封行,造成蔗田的光照不足,大量死苗的产生。因此,在甘蔗种植过程中要注意合理密植。

4. 蔗叶在光合作用中的特性

光合作用是一个复杂的生理过程,是光反应和暗反应的综合过程。对甘蔗叶片组织超微结构的研究证实,光反应是在叶绿体的基粒片层(光合膜)上进行的,暗反应则是在叶绿体的基质中进行的。

20 世纪 60 年代中期,一些学者在研究几种光合强度特别高的高产作物的二氧化碳同化过程中发现,这些作物固定 $^{14}CO_2$ 的最初产物与一般光合碳循环不同,大部分的放射碳存在于草酰乙酸、苹果酸和天冬氨酸分子,极少部分存在于磷酸甘油酸。由于该途径最初的产物草酰乙酸是四碳二元羧酸,因此,把这条途径称为 C_4-二羧酸途径(C_4-dicarboxylic acid pathway),简称 C_4 途径,循此途径的植物称为 C_4 植物。甘蔗作为 C_4 作物,光合强度比水稻和小麦等 C_3 作物高。其原因主要是四碳途径能够更有效地同化二氧化碳。甘蔗叶片固定 CO_2 的途径如图 2-9 所示。这条途径中的磷酸烯醇式丙酮酸羧化酶对二氧化碳的亲和力比三碳途径的双磷酸核酮糖羧化酶强几十倍。同时,叶肉细胞的叶绿体固定二氧化碳后生成的四碳化合物运至维管束鞘细胞,经脱羧作用,释放出二氧化碳,增加了维管束鞘细胞内二氧化碳的浓度,起到类似"二氧化碳泵"的作用,有利于把外界的二氧化碳"泵"进维管束鞘薄壁细胞内,从而有助于这些细胞更有效地同化碳素。此后,Zamski 等(1996)进一步研究发现,C_4 植物甘蔗等的"二氧化碳泵"是由 ATP 来推动的。因此,在高温、高光强条件下,甘蔗等 C_4 植物的光合效率显著高于 C_3 植物,这是植物对热带、亚热带环境的一种适应方式。

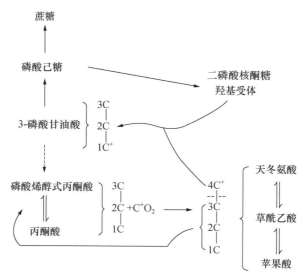

图 2-9　甘蔗叶片固定 CO_2 的途径

(引自 Hatch and Slack,1966)

2.2.4　花的生育特性

经过一段时间营养生长之后,甘蔗在适宜的光、温和水等综合条件下,茎顶端的生长锥由分化茎、叶转为分化花芽,进入抽穗、开花和结实的有性生殖过程,这个过程称为甘蔗生理成熟期。甘蔗的整个生理成熟时期是从幼穗分化开始,经历抽穗、开花,最后进入结实阶段为止。

2.2.4.1　甘蔗的开花过程

甘蔗由营养生长转至花穗抽出可分为 7 个时期:引变期(INP)、花穗轴原始体出现期(IAP)、花穗支轴原始体出现期(IBP)、小蕊花原始体出现期(ISP)、花穗伸长期(FIP)、旗叶期(LP)和花穗节间伸长期(EFIP),全期约为 88 d。引变期主要是为花芽分化创造良好条件,发生时间约为花穗轴出现的前 14 天。花穗轴原始体出现期约为 6 d,从花穗轴原始体出现和膨大开始至第一个花穗分枝原体出现为止。当基部第 1 个花穗支轴原始体出现时,甘蔗进入花穗支轴原始体出现期,直至最后一个花穗轴支轴原始体出现结束,约为 11 d。小蕊花原始体出现期为第 1 个小蕊花原体出现到最后一个小蕊花原体出现,约为 15 d。花穗伸长期约为 24 d,由花穗伸长开始至旗叶期开始时结束。旗叶期和花穗节间伸长期均约为 9 d,花穗节间伸长期为从第 1 个花穗节间伸长开始至抽穗时结束。在这七个时期,花穗轴原始体出现期、花穗支轴原始体出现期和小蕊花原始体出现期是生长点从营养分化转为幼穗分化的关键时期。

当花芽开始分化后,甘蔗的外部形态也会发生变化。当开始孕穗时,心叶缩短,顶叶的叶鞘不均匀伸长,3 个肥厚带重叠,旗叶伸出,幼穗在叶鞘内隆起,花穗主轴伸长,花穗抽出。由于幼穗的形成和花芽的分化以旗叶出现作为标志,因此,可以通过旗叶出现的时间推算花芽分化的开始时间。此外,各品种的心叶片数是基本固定的,且心叶的出生速度也大致相同,因此,可以通过剩余心叶片数来推断幼穗的发育阶段。

花穗从包被的叶鞘中露出开始至整个花穗从叶鞘中抽出为止的这段时期称为抽穗期。抽穗期的长短和抽穗率因品种而异。甘蔗抽穗后的 3~7 d 就会开花。一个花穗的小蕊花开花顺序是由上而下,由外至内。每一个花轴节上着生 2 个排列成对的小穗,分别为有柄小穗和无柄小穗。小穗花的鳞片吸水膨胀,促使颖片张开。花丝在开始开花时即迅速伸长,花药吐出,柱头露出,羽状鳞片蓬松;开花后,鳞片水分消失,颖片闭合,花丝萎缩,柱头及花药仍然露于颖片外。一般情况下,有柄小穗比无柄小穗先开,一个小穗开花至闭合平均需要 2 h 左右。

从第 1 枝花穗开花开始至停止抽穗开花的这一时期称为甘蔗花期。甘蔗的始花期和花期因品种而异。在海南甘蔗育种场观察发现,早花品系的始花期可开始于 11 月上旬,而难花和迟花品系的始花期会延迟至 12 月底开始,一般整个花期持续时间为 3 个月左右。不同品种甘蔗开花抽穗的特点也存在差异,例如,崖城 71-374、桂糖 11 号和粤糖 85-633 的花序完全抽穗后开花,粤糖 86-1622 和 CP74-2005 的花序边抽穗边开花,新台糖 10 号、粤糖 85-177 和桂糖 84-332 则是前期先抽穗再开花,后期边抽穗边开花。因此,在制订杂交计划时要了解品种的开花习性,并控制环境因素对开花习性的影响,从而提高杂交计划的成功率。

2.2.4.2　甘蔗授粉和结实过程

1.甘蔗花粉的发育情况

在甘蔗抽穗前 10~20 天,花粉已经形成,自花穗顶部至基部依次成熟。因此,甘蔗在开始抽穗还未开花时,顶部的花粉粒就已成熟。通常成熟的花粉粒呈圆球状,黄色,遇碘变蓝。海南育种场使用 TTC 检测法来检测花粉的活力。

同一穗花粉的发芽率在不同部位上有差异,一般上部的发芽率较低,中下部的发芽率较高。花粉的发育率和花粉量与种性有密切关系。花粉量少或花粉发育不良的品种不能作为杂交父本。根据这个特性,甘蔗可分为父性亲本和母性亲本。花粉量多且发育率达到 60% 以上的品种可为强父性亲本,如台湾 134;花粉量少且发育率在 5% 以下的品种可为强母性亲本,如广东 7;花粉量少、花粉发育率低于 30% 的品种既可作为父性亲本,也可作为母性亲本,但趋于母性亲本;花粉量少、花粉发育率高于 30% 的品种既可作为父性亲本,也可作为母性亲本,但趋于父性亲本。除此以外,低温也会降低甘蔗花粉的发育率和花粉量,因此,在甘蔗杂交过程中不仅要注意甘蔗的品性,也要注意控制气候条件,以提高甘蔗杂交的成功率。

2. 甘蔗雌蕊的变化情况

在甘蔗雌蕊开花前 2~3 天,羽状柱头包于颖壳内,色浅,子房相对较小,呈椭圆形。在开花前 1 天,柱头颜色加深,变为富有光泽的深红色,柱头紧实。在开花第 1 天,柱头形态伸展,羽状鳞片由紧实变为蓬松、深红色。在授粉后的 2~5 d,柱头失去光泽、干枯,颜色由深红色逐渐变为黑色。子房在开花第 4 d 后呈现快速发育趋势,膨胀变长。在开花后第 7 天,子房体积变大,约为原来的 2 倍,柱头与之连接处颜色变褐即将脱落。

3. 甘蔗受精结实过程

甘蔗为常异花授粉作物,花粉落于柱头,2~3 h 即可萌芽,花粉管伸长至子房的胚珠内,胚珠受精发育成种子,子房壁发育成种皮。当甘蔗的种子成熟时,小穗枝梗便会脱落而飞散,因此,在授粉 3~4 d 即要套袋,大约 3 周后种子即成熟。甘蔗种子的结实率不仅和品种特性有关,也受到温度和湿度的影响。在温度和湿度都偏低的情况下,柱头的受精能力、寿命及颖果的发育均会受到较大影响,从而降低种子的结实率。因此,在甘蔗杂交过程中,可采用温室杂交,用增加温度和湿度的方法来提高杂交的成功率。

2.2.4.3　甘蔗开花的影响因素

甘蔗开花是甘蔗品种的遗传特性、光周期、光强度、温度和水分等多种因素综合作用的结果。由于开花会降低甘蔗的蔗糖分和产量,甚至引起蒲心,因此,生产上会选取难开花的品种或采取适当施氮肥等推迟甘蔗开花的措施,来减少甘蔗开花。

1. 光对甘蔗开花的影响

气候对甘蔗开花影响尤为重要,其中光照是决定甘蔗开花与否的主要条件。在自然界中,白天和黑夜交替进行,这种昼夜周期中的光照期和暗期长短的交替变化称为光周期。光周期是决定甘蔗花芽能够分化的主要条件。热带种及其杂交后代推广品种(含热带种血缘较重的材料)产生花芽分化的日照为 12~12.5 h,过长或过短的日照均不适宜。因此,该日照被称为"引变光照"范围。

当花芽分化后(特别是花穗轴原始体出现期和花穗原始体出现期),如果遇上不利的光照条件,已分化的生殖顶端可能会回复到营养顶端。而小蕊花原始体出现期(ISP)和花穗伸长期(FIP)在遇到不利的光照条件时仅会延迟和停止花穗的发育,但无法把花芽回复至叶芽。由此可见,甘蔗由引变期转为分化期的各个阶段也需要给予适宜的光照条件,甘蔗才能正常抽穗开花。

按全年日照变化来说,春秋季都有适宜甘蔗花芽分化的引变光照期,但甘蔗一般在秋季的引变光照下才能抽穗开花。其原因是甘蔗开花抽穗不仅需要光照长度、温度等条件配合,其由引变期转为分化期还需要一个由长至短的日照时长的渐变过程。王丽萍等(1999)

的实验也证明,逐渐减短光的日照时间能促进甘蔗抽穗开花。因此,甘蔗机构在进行光期诱导时一般采取 2 个阶段:一是固定光照阶段(12~12.5 h);二是递减光照阶段(日长递减率为 30~60 s/d)。

诱导甘蔗花芽分化的引变光照与植物体内光敏色素存在的状况有关。光敏色素是一类分布在植物的各个器官中吸收红光和远红光且可逆转换的光敏受体。光敏色素主要有 2 种类型:吸收红光(R)的 Pr 型,最大吸收光谱为 660 nm,吸收红光后可转变为 Pfr 型光敏色素;吸收远红光(FR)的 Pfr 型,最大吸收光谱为 730 nm,吸收远红光后或在黑暗中可转变为 Pr 型光敏色素。太阳光是一种多种波长的连续光谱,包含红光和远红光。日间红光的化学效应比远红光高,Pr 型吸收红光转变为 Pfr 型,因此,日间以 Pfr 型的光敏色素为主;晚上由于 Pfr 型暗转化的结果,植物体内以 Pr 型光敏色素为主。在引变光照条件下,甘蔗体内的 Pfr 型和 Pr 型光敏色素的比值较适宜,从而促使花芽分化所必需的某些物质,蔗株才能进行花芽分化。

2. 温度对甘蔗开花的影响

光周期效应是甘蔗体内的一系列生化反应促进了开花激素的形成、积累、运输和作用。温度对甘蔗花芽分化的影响则主要集中在引变光周期。同一地区年度间的光周期几乎一致,但年度间的开花情况各异,特别是开花率的差异较大。这是因为在有效日长范围内,诱导甘蔗开花的主因是温度和湿度。气温对甘蔗花芽分化的影响主要是引变光照期内夜间的温度。实验表明,甘蔗花芽分化最适宜的夜温为 23 ℃,若温度低于 18 ℃,则尽管光照和湿度等其他条件满足了,还是会对花芽分化产生非常有害的影响,甚至不能产生花芽分化。在引变光照期内,甘蔗的抽穗率还与低于 18 ℃夜温的夜晚数呈负相关。若低于 18 ℃的夜晚数过多,则花芽分化会完全停止。据曾经进行的相关实验:9 月 1 日至 9 月 25 日,11 个夜晚温度低于 18 ℃,甘蔗不开花;10 个夜晚温度低于 18 ℃,甘蔗开花极少;7 个夜晚温度低于 18 ℃,甘蔗开花中等;4 个夜晚温度低于 18 ℃,甘蔗开花良好;在减为 2 个夜晚温度低于 18 ℃后,甘蔗开花极好。据统计发现,低于 18 ℃的夜晚数和甘蔗抽穗开花的相关系数达−0.973。此外,美国路易斯安那州等地方的实验结果也与此类似,说明对大多数甘蔗品种而言,18 ℃是甘蔗花芽分化的临界最低温。从不同试验中得知,大部分品种花芽分化的适宜夜温范围为 21~26 ℃。夜间温度高于 27 ℃也会对花芽分化有不良的影响。此外,夜温的高低与花芽分化所需的引变期长短密切相关:夜温偏低,引变期延长,反之,引变期缩短。

夜温对花芽分化的影响实质上是对光周期中 Pfr 型光敏色素在黑暗中向 Pr 型光敏色素暗转化过程中的化学反应。由于该过程是一个生物化学反应的过程,与温度密切相关,故在临界低温以下,该生物化学反应受到抑制,从而影响了花芽分化的进行。

日温对花芽的分化也有影响。甘蔗花芽分化最适宜的日温为 28 ℃,当温度超过 31 ℃时,则会对花芽分化产生不良影响。此外,低温会对花粉发育不利,导致花粉败育。因此,温度过高或过低、温差值过大等因素均不利于甘蔗抽穗开花。

3. 水分对甘蔗开花的影响

在光、温条件适宜的情况下,水分条件(主要为土壤水分和大气湿度)往往成为决定甘蔗开花与否的主导因素。水分不足对甘蔗抽穗开花的影响包括抑制光合作用、阻碍甘蔗体内开花激素的运输、妨碍根部物质向叶部输送、影响开花物质合成。此外,湿度也会影响小花开放和授粉的进行。

甘蔗抽穗率与生长盛期及引变光照期的雨水量有密切关系。由此可见,在生长盛期和引变光照期,满足要求的有效雨量、相对湿度大的空气能够促进甘蔗抽穗开花。因此,在甘蔗杂交育种过程中,可以通过增加灌溉或喷雾来提高光周期诱导效应,促进杂交亲本圃内甘蔗开花;在生产过程中,则可以依据不同甘蔗品种对水分变化的反应,适当控水来控制甘蔗开花。

4. 植株因素对甘蔗开花的影响

在适宜的光、温、水等综合条件下,甘蔗植株必须通过一定时间的营养生长后,生长锥才能从分化茎、叶转为分化花芽。通常将甘蔗达到能够接收光周期诱导的生理成熟阶段称为光诱导期,此前则称为幼年期,此后则称为老年期。幼年期的长短因品种而异,如割手密野生蔗较易开花,幼年期短;热带种较难开花,幼年期长。Julien 等(1974)研究发现,甘蔗植株有 4～9 个成熟节间,株龄 12～16 周适宜进行光周期诱导。南非的研究表明,热带种可感受引变光照的生理株龄比较大,需要有 8～10 个成熟节间才适宜进行光周期诱导。

甘蔗品种的主茎和第一次分蘖的开花,迟分蘖的品种不开花;早植的品种开花,晚植的品种不开花;生理株龄较大的甘蔗所需的诱变期较短,容易开花。由此可见,甘蔗的生理株龄和引变光照对甘蔗的诱导作用是密切相关的。云南省农业科学院甘蔗研究所瑞丽育种站发现,株龄较长的拔地拉诱导效果优于株龄短的拔地拉,且孕穗率和花穗抽出率均显著高于株龄短的拔地拉。这是因为迟种植的甘蔗延迟达到适宜引变的生理株龄,较难满足对引变光照和其他综合条件的要求或未达到适宜引变的生理株龄,其主要以根、茎和叶快速生长为主,无法接受光、温和水等条件进行导向有性生殖的各种生理反应;早种植的甘蔗早达到适宜引变的生理株龄,早接受引变光照的作用,故较容易开花。

此外,甘蔗对光周期感受的部位不是生长点,而是叶片,特别是心叶和嫩叶对光周期尤为敏感。因此,在甘蔗花芽分化和幼穗发育早期剪除幼叶,则花芽分化、幼穗发育和伸长会受到严重阻碍,开花时间被推迟,反之,剪去老叶,则心叶和嫩叶能更好地接收光周期,有利于甘蔗开花。

5. 影响甘蔗开花的其他因素

除了光、温、水和甘蔗株龄外,品种、土质和海拔等因素也会对甘蔗开花造成影响。其中,甘蔗种性和开花难易的关系甚大。热带种(也称为高贵种)一般较难开花,在热带环境下也需要特殊条件才能开花,如粤糖 86-368、新台糖 22 号。中国种一般也较难开花,且结实率低,如竹蔗、芦蔗。印度种属于栽培种之一,较易开花,如春尼。大茎野生种一般较易开花。割手密最易开花。甘蔗近缘属斑茅也易开花。总之,不同甘蔗品种的开花难易程度差异较大。

不同甘蔗品种的开花难易程度与甘蔗在引变光照期内对光周期、温度和水分等条件的严格程度相关。热带种的引变光照期为 12～12.5 h,花序和小花发育需要渐短的日长且对水分、温度等要求均较严格。只有少数在低纬度、海洋性气候或高海拔地区种植的品种才能满足其开花要求。割手密是最易开花的,对温度和水分要求不严格,并且可在长达 13 h 以上的光照下引变花芽分化。因此,一般亚热带、温带地区条件均能满足割手密的开花要求。

甘蔗品种开花难易的特性是甘蔗品种在对原产地环境长期适应的过程中形成的。例如,热带种的原产地为低纬度的南太平洋新几内亚群岛,属海洋性气候;割手密则原产于南亚一带,大部分地区为亚热带季风气候。不同的特殊环境造就了热带种和割手密不同的开花环境。通过自然杂交、人工选择等手段培育的甘蔗品种又会产生新的适应性。

土壤对甘蔗开花的影响主要与水分、养分及土壤通气性相关。在诱变期，过多施用氮肥会导致蔗株含氮水平太高不利于开花。株龄越小，施用氮肥对甘蔗开花的抑制作用越明显。种植于沙质壤土和沙质土中的甘蔗容易开花，抽穗率高；种植于黏质土壤或在肥沃的土壤中的甘蔗则反之。因此，在生产上可以在土壤中适量地增施氮肥来减少甘蔗开花，以保证甘蔗产量和糖分含量。

2.2.4.4　甘蔗开花对甘蔗产量及蔗糖分的影响

在花芽分化后，蔗茎不再伸长，花穗的抽出耗费了部分的营养，甚至有些品种会引起蒲心，甘蔗植株的风阻变大，易被大风吹折，造成损失。甘蔗开花还会导致一系列不利于生长和干物质积累的生理变化。一般认为甘蔗开花会造成蔗糖分的降低和减产。甘蔗开花在蔗糖分和产量的损失程度上与其所处的环境、开花后到收获的时间长短及品种特性相关。

甘蔗在开花前与开花后蔗糖分的高低与品种紧密相关，可分为 3 类：一类是开花后蔗糖分下降；一类是开花后蔗糖分保持平衡；一类是开花后蔗糖分继续上升。甘蔗开花后蔗糖分的上升或下降与生长季节也有关。据我国海南、台湾地区和国外相关研究均可得出相同结论：开花至收获期的间隔时间长，蔗糖分可由上升转为下降。如果过早开花，甘蔗的产量和蔗糖分还是会受到影响。不能由于某些品种开花后糖分继续上升就得出"甘蔗开花后对产量及其品种无不良影响，反而有所提高"的结论。为了减少开花对甘蔗产量和品种的影响，在生产上主要通过选用难开花的品种，调节种植期，适当施入氮肥和喷施抑制开花的药剂等措施来减少抽穗率或延迟抽穗开花。

2.2.5　种子萌芽的特性

为了育种其他需要，甘蔗也可像普通水稻和小麦一样通过种子繁殖。甘蔗种子细小（千粒重通常低于 0.5 g），贮藏的养分不多，故其对不良环境的抵抗力低，不耐贮藏，寿命短且容易失去发芽力。在高温高湿的条件下，由于呼吸作用增强，籽实中的养分会被大量消耗，从而降低或失去发芽力，甘蔗种子在收获后应贮藏在低温、干燥的环境，并尽快下种，避免贮藏过久而影响发芽力。

在萌发过程中，甘蔗籽实内部发生了一系列的生理变化。首先，甘蔗种子在适宜的温度和氧气条件下吸水与膨胀，体内各种酶的活性大大加强，呼吸作用趋于旺盛；其次，内含的贮藏物质吸水后发生一系列的生物化学变化，形成较简单的可溶性物质，其中一部分物质用于新细胞的建造，一部分物质用于呼吸，为萌芽生长提供所需的能量。籽实一般经 24 h 即会膨大变色，48 h 初生根和芽鞘就可突出种皮，幼芽在第 3～4 天时可抽出芽鞘外。播种后的第 5～6 天为发芽出苗最多的天数，如果环境湿度大、温度高，种子发芽出苗的时间还可以缩短。在海南育种场观察发现，在甘蔗下种后的第 2 天，芽鞘即可突出种皮，第 3～4 天第 1 片真叶出现，以后每隔 6～7 天形成 1 片真叶。在第 3 叶形成后，基部就发出苗根，叶片加多，苗根增加。在第 4 片叶形成后，苗根的入土和吸收能力强于初生根，幼苗生长转快，在第 7～8 叶形成后，分蘖开始出土。甘蔗播种后的 10 d 仍未见出芽者多已丧失发芽力。甘蔗种子的发芽率和发芽势因品种不同而有所差异。由于种子中可结实的籽实不多，故发芽一般率只有 5%～15%；若全部为发育完全的籽实，其发芽率也仅为 40%～70%。有柄小穗所结籽实的发芽率低于无柄小穗所结籽实的发芽率。

种子发芽对温度、湿度和水分有要求。甘蔗种子萌发的适宜温度为 26～30 ℃，所需的最低温度为 18 ℃。幼苗出土后对低温具有一定的忍耐能力,在 4 ℃下经 2 d 不会冻死,幼苗移至 18 ℃的环境中仍旧可以缓慢生长。因此,亚热带地区的霜期过后,在较暖和的天气进行露地播种是可能的。在湿度方面,相对湿度保持在 85%～90%最为适宜,相对湿度保持在 70%～85%可正常生长。如果能增加大气湿度,则对萌发生长更有利。土壤中的水分含量不宜太多,以免妨碍土壤中氧气的供应,延缓种子萌发,降低种子的生活力,此外,还可以采用某些药剂浸种的方法来提高种子的发芽率。

第 3 章

甘蔗养分吸收累积规律

　　甘蔗为多年生作物,因品种和管理措施不同,宿根年限也有所差异,一般为 1 年新植 3~5 年宿根。甘蔗生长周期较长,从种植到砍收一般为 12~14 个月。甘蔗大田生产一般采用无性繁殖,以秋植或成熟蔗茎作为种苗。与其他作物一样,植株的生长发育经历由低到高、再由高到低的过程。甘蔗的生长发育期一般分为萌芽期、幼苗期、分蘖期、伸长期和成熟期 5 个时期。由于各阶段的生长速度和生理功能不同,故其对养分的需求比例与数量也有很大差别,总体来说是“两头少,中间多”,即幼苗期和成熟期少,伸长期多。萌芽期所需养分主要来自蔗茎中储藏的养分;萌芽期到幼苗期是甘蔗的营养临界期,虽然需求量少,但对养分较为敏感。一旦缺肥,就会造成甘蔗苗弱小,生长缓慢,易感病,此时其对氮的需求量比对钾、磷的需求量多,应供给适量和足够的肥料;分蘖期的需肥量逐渐增大,此时养分供应充足,能有效保证甘蔗群体规模和有效茎数;进入伸长期,正值高温多雨和强光照季节,甘蔗对光能和养分的利用率最高,植株迅速增长,干物质大量累积。这个时期对养分的需求量最大,是决定甘蔗产量的关键时期;转入成熟期后,甘蔗对养分需求量快速下降,主要以糖分积累为主。

　　甘蔗属 C_4 高光效禾本科作物,生长周期长,干物质累积量大,需要从外界吸收大量的氮、磷、钾、镁、钙等营养元素。随着生育期的推进,甘蔗生物量逐渐增加,虽然植株体内的氮、磷、钾含量在中后期逐渐下降,但累积量却逐渐增加。由于各地土壤的生态条件、土壤养分含量、施肥量、种植时期、管理水平以及品种存在差异,故部分国家研究报道的单位经济甘蔗产量所需的氮、磷、钾量有所差异(表 3-1),但对氮、磷、钾的需求均表现为钾＞氮＞磷。中国不同单位、不同地区报道的高产甘蔗养分吸收量也存在差异。周修冲等(1998)研究结果显示,当产量为 155.92 t/hm² 时,每吨蔗茎(包括相应叶片)氮、磷、钾养分吸收量分别为 N 2.19 kg、P_2O_5 0.36 kg、K_2O 3.00 kg。谢如林等(2010)研究高产甘蔗营养特性,当平均产量为 143.70 t/hm² 时,每吨蔗茎(包括相应叶片)吸收 N 1.81 kg、P_2O_5 0.36 kg、K_2O 2.11 kg。因此,不同产区根据不同目标产量掌握甘蔗的养分吸收规律,对确定最佳施肥量和施肥时期起着重要的指导作用。

表 3-1　部分国家甘蔗 N、P、K 养分吸收情况

国家	每吨经济产量的养分吸收量/kg		
	N	P	K
中国	1.35	0.75	2.06
印度	1.2	0.46	1.44
巴西	0.8	0.3	1.33
南非	1.75	0.41	6
美国	0.8~1.75	0.30~0.46	1.32~6.00

3.1　甘蔗各部位的氮、磷、钾、镁含量

在不同的生长发育时期，各个甘蔗器官的氮、磷、钾、镁吸收积累量也不同。其与各器官的生物量和氮、磷、钾、镁的含量有关。甘蔗各个部位的氮、磷、钾、镁含量不仅能了解甘蔗吸收累积氮、磷、钾、镁的差异，而且还反映了养分在各个部位的分布、土壤养分供应及施肥情况。因此，掌握甘蔗不同生育期不同部位的养分含量状况，能较好地为指导生产，合理施肥提供重要理论依据。

3.1.1　甘蔗各部位氮含量

在所有营养元素中，甘蔗对氮的需求量仅次于钾。氮对甘蔗各部位的生长发育起着重要作用，对甘蔗产量起着决定性作用。图 3-1 至图 3-4 为不同生育期甘蔗不同部位的平均氮含量。从中可以看出，叶和根的氮浓度在分蘖期之前较高，分蘖期之后逐渐降低；茎的氮浓度呈现先升高后下降的趋势。在伸长期，蔗茎迅速生长产生了稀释效应，所以在伸长期之后茎的氮浓度会下降。在苗期和分蘖期，叶的氮浓度最高（图 3-1 和图 3-2）；进入伸长期，叶的氮浓度显著下降，茎的氮浓度快速升高（图 3-3 和图 3-4），表明不同部位的氮养分可以循环再利用，叶的氮通过叶鞘转移到蔗茎，以用于蔗茎的生长发育，促进蔗茎的伸长和增大。因此，为了使甘蔗获得高产，要注意分蘖期氮素的供应。充足的氮素供应能促进甘蔗植株体的生长发育，对于甘蔗高产具有积极的促进作用。

以春植蔗为例，分析种植后不同时间的甘蔗不同部位氮含量的动态变化，结果如图 3-5 所示，叶、茎和根的氮含量均呈现先升高后下降的趋势。叶和根的氮含量均在分蘖初期达到最高，分别为 22.43 g/kg 和 14.18 g/kg。茎的氮含量在分蘖期后期达到最大值，为 17.83 g/kg。不同生育期不同部位氮的含量存在差异。在分蘖初期之前，各部位氮含量表现为叶＞根＞茎。在进入分蘖期以后，叶和根的氮含量逐渐降低，茎的氮含量逐渐升高，且茎的氮含量在分蘖初期以后高于根的氮含量，分蘖中期以后高于叶的氮含量。在成熟期，叶、茎和根的氮含量均最低，分别约为 5.10 g/kg、6.80 g/kg 和 3.60 g/kg。

对不同甘蔗品种养分吸收的研究表明，在甘蔗营养生长期，BC2-32 叶片的氮含量高于其他品种，YT00-236 叶片的氮含量最低，但不同甘蔗品种的叶片、叶鞘、茎和根系的氮含量差异不显著（图 3-6）。

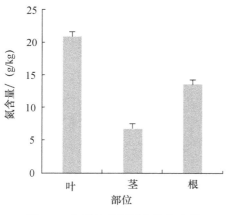

图 3-1　苗期甘蔗不同部位氮含量

图 3-2　分蘖期甘蔗不同部位氮含量

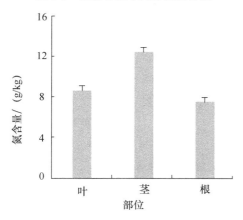
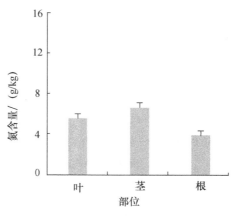

图 3-3　伸长期甘蔗不同部位氮含量

图 3-4　成熟期甘蔗不同部位氮含量

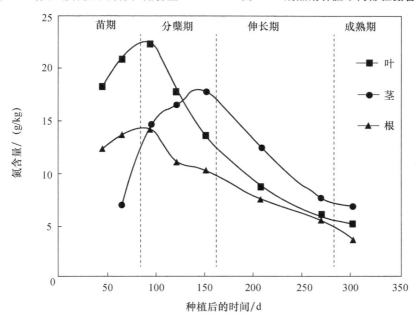

图 3-5　甘蔗各部位氮含量动态变化

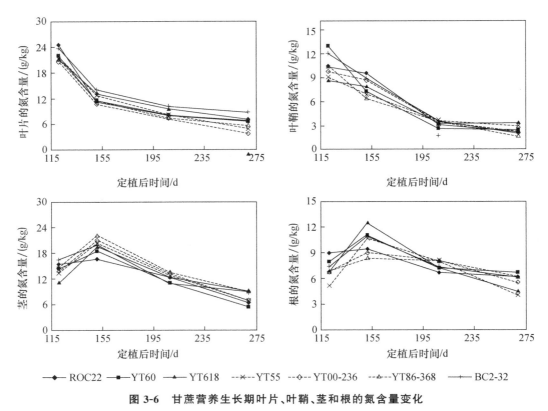

—◆— ROC22　—■— YT60　—▲— YT618　--*-- YT55　--◇-- YT00-236　--△-- YT86-368　—+— BC2-32

图 3-6　甘蔗营养生长期叶片、叶鞘、茎和根的氮含量变化

3.1.2　甘蔗各部位磷含量

不同生育期甘蔗不同部位磷含量见图 3-7 至图 3-10。苗期至分蘖期,叶、茎和根的磷含量无明显变化;进入伸长期之后,叶和根的磷含量显著下降,而茎的磷含量变化不大,伸长期略有升高,成熟期有所下降。在苗期和分蘖期,叶的磷含量最高,茎和根的磷含量无明显差异(图 3-7 和图 3-8);在伸长期和成熟期,各部位磷含量表现为茎>叶>根(图 3-9 和图 3-10)。

同样以春植蔗为例,分析种植后不同时间甘蔗不同部位磷含量的动态变化(图 3-11)。随着生育期的推移,叶和根的磷含量呈现下降的趋势,而茎的磷含量呈现先升高后下降的趋势。叶和根的磷含量在苗期最高,分别为 4.23 g/kg 和 2.13 g/kg,并维持至分蘖中期,之后下降幅度加大;在成熟期时最低,分别为 1.80 g/kg 和 0.68 g/kg。茎的磷含量在分蘖中期显著升高,在分蘖后期达到最大值,约为 4.10 g/kg;进入伸长期后逐渐降低,至成熟期时与苗期含量相当,约为 2.00 g/kg。不同生育期不同部位磷含量同样存在差异,以分蘖中期为界线,之前表现为叶>茎>根,之后表现为茎>叶>根。

不同甘蔗品种叶片、叶鞘、茎和根的磷含量在品种间也存在差异(图 3-12)。在幼苗期,BC2-32 叶片的磷含量显著高于其他品种;在分蘖期,YY618 叶片的磷含量是 ROC22 的 1.8倍;到了伸长期,不同甘蔗品种的叶片磷含量差异不显著。品种间叶鞘的磷含量变化趋势与叶片相同,在幼苗期,不同甘蔗品种的差异较大,其中 YT00-236 和 BC2-32 叶鞘的磷含量显著高于其他品种,但越到生育后期差异越不明显。品种间茎的磷含量差异在分蘖期、伸长初期、伸长盛期均较大,分别为 3.10～5.41 g/kg、1.29～3.72 g/kg、1.53～2.87 g/kg,其中 YT86-368 茎的磷含量最高,ROC22 最低。在整个营养生长期,BC2-32 根的磷含量高于其他品种,而其他品种间无显著差异。

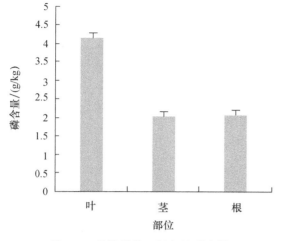

图 3-7　苗期甘蔗不同部位磷含量

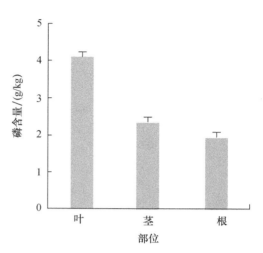

图 3-8　分蘖期甘蔗不同部位磷含量

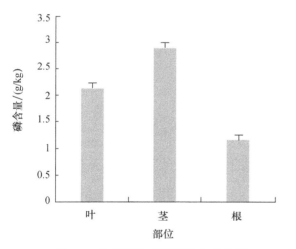

图 3-9　伸长期甘蔗不同部位磷含量

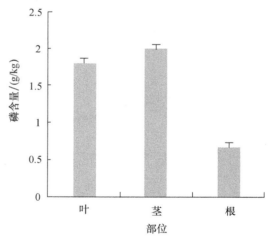

图 3-10　成熟期甘蔗不同部位磷含量

3.1.3　甘蔗各部位钾含量

甘蔗是喜钾作物。在所有营养元素中,其对钾的吸收量最大,存在奢侈吸收的现象。钾被称为"品质元素",在甘蔗糖分积累、甘蔗抗逆能力提高等方面具有重要作用。由图 3-13 至图 3-16 可以看出,甘蔗不同部位钾含量在不同生育期存在差异。在整个生育期,叶的钾含量均高于茎和根;在分蘖初期前,根的钾含量高于茎,在分蘖初期后,则相反,茎的钾含量显著高于根。

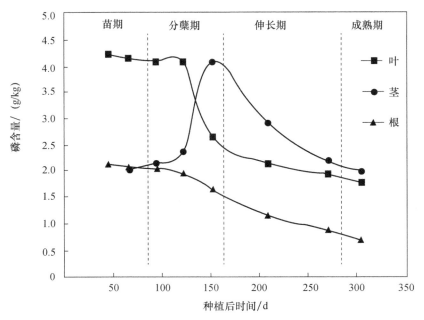

图 3-11　甘蔗各部位磷含量动态变化

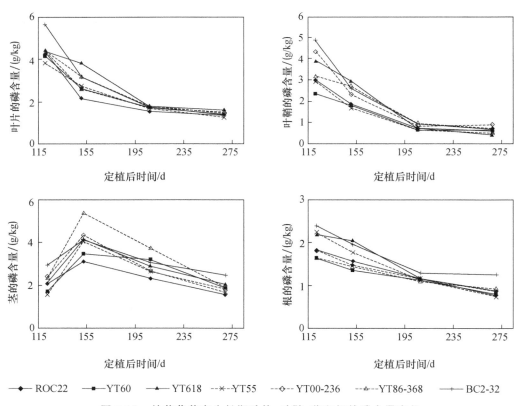

图 3-12　甘蔗营养在生长期叶片、叶鞘、茎和根的磷含量变化

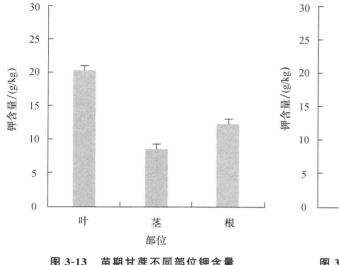

图 3-13　苗期甘蔗不同部位钾含量　　　　图 3-14　分蘖期甘蔗不同部位钾含量

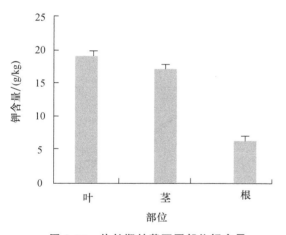
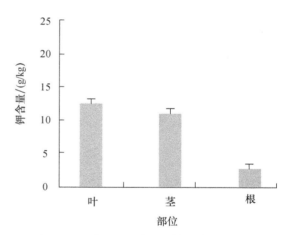

图 3-15　伸长期甘蔗不同部位钾含量　　　　图 3-16　成熟期甘蔗不同部位钾含量

春植蔗不同部位的钾含量动态变化如图 3-17 所示,叶和茎的钾含量呈现先升高后下降的趋势,而根的钾含量呈现逐渐下降的趋势。叶和茎的钾含量在分蘖后期最高,分别为 26.40 g/kg 和 23.17 g/kg,进入伸长期后,逐渐下降,至成熟期时,叶的钾含量略低于苗期,约为 13.42 g/kg,而茎的钾含量略高于苗期,约为 10.87 g/kg。根的钾含量苗期最高,约为 13.89 g/kg,随着生育期的推移,逐渐下降,在成熟期最低,约为 3.12 g/kg。

不同甘蔗品种叶片、叶鞘、茎和根的钾含量存在品种差异,如图 3-18 所示。在幼苗期,BC2-32 叶片的钾含量显著高于 YT55 和 YT86-368;在分蘖期,ROC22 和 YY618 显著高于 YT55 和 YT86-368,随后 ROC22 和 YY618 叶片的钾含量急剧下降,到伸长期,低于其他品种。在整个营养生长期,YT00-236 叶鞘的钾含量最高,YT55 最低。茎的钾含量在幼苗期和分蘖期品种差异较小,在伸长期差异较大,特别是在伸长初期,YT86-368 茎的钾含量是 YT55 的 2.2 倍。根的钾含量品种差异在整个营养生育期都较大,其中 YY618 根的钾含量在幼苗期参试品种内最高,在伸长盛期最低,而 ROC22 和 BC2-32 根的钾含量在幼苗期与 YY618 相当,但在伸长期均高于其他品种。

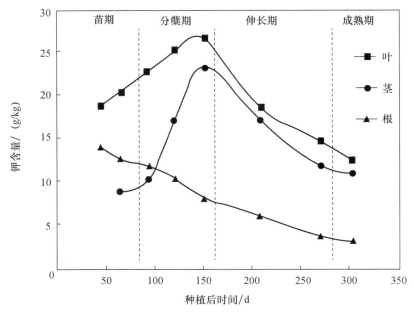

图 3-17　甘蔗各部位钾含量动态变化

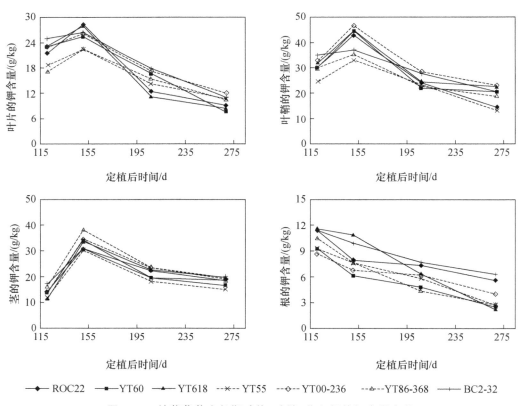

图 3-18　甘蔗营养生长期叶片、叶鞘、茎和根的钾含量变化

3.1.4　甘蔗各部位镁含量

镁是作物体内叶绿素的重要组成成分,也是多种酶的活化剂,参与作物生长发育的各种生理和生化过程。特别是在光合作用中,镁作为一种不可替代的元素,在甘蔗产量形成和蔗糖的合成、运输和积累中起着重要作用。不同生育期不同甘蔗部位镁含量如图 3-19 至图 3-22 所示,在苗期、分蘖期和伸长期,不同部位镁含量表现为叶＞茎＞根;在成熟期,茎的镁浓度下降较多,各部位镁含量表现为叶＞根＞茎。

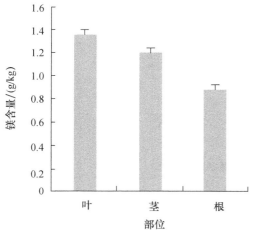

图 3-19　苗期甘蔗不同部位镁含量

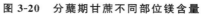

图 3-20　分蘖期甘蔗不同部位镁含量

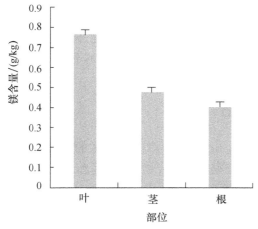

图 3-21　伸长期甘蔗不同部位镁含量

图 3-22　成熟期甘蔗不同部位镁含量

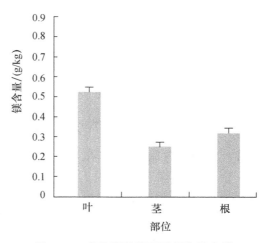

甘蔗不同部位镁含量动态变化如图 3-23 所示。甘蔗植株镁含量在苗期最高,叶、茎和根的镁含量分别为 1.41 g/kg、1.20 g/kg 和 0.92 g/kg。随着生育期的推进,各个器官的镁含量逐渐降低,在成熟期最低,分别为 0.52 g/kg、0.25 g/kg 和 0.32 g/kg。叶的镁含量在整个生育期均显著高于其他部位,茎的镁含量在植后 235 d(伸长中后期)高于根,而之后则略低于根。

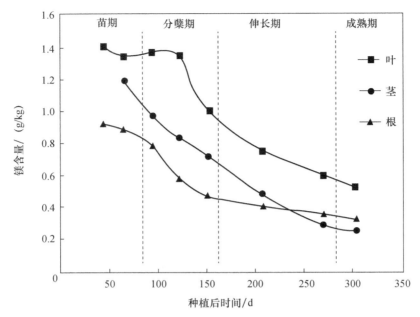

图 3-23   甘蔗各部位镁含量的动态变化

3.2   甘蔗氮、磷、钾、镁的吸收与累积

甘蔗各个部位氮、磷、钾、镁的含量只能反映各个部位单位质量养分的含量,不能反映各个器官氮、磷、钾、镁的总累积量。了解各个器官氮、磷、钾、镁的累积量是确定施肥的重要依据,掌握不同生育期甘蔗养分的累积量对于指导制订施肥方案和确定最佳施肥时期具有重要意义。本书以广东蔗区春植蔗为例,分析不同生育期甘蔗各器官的养分累积量,为甘蔗的科学施肥提供理论依据。

3.2.1   甘蔗氮素养分的吸收与累积

甘蔗不同生育期的根、茎和叶的氮素累积量(kg/hm²)和各部位占整株的氮素累积量的比例如图 3-24 至图 3-27 所示。由此可知,随着生育期的推进,甘蔗根、茎和叶的氮素累积量逐渐增加,叶和根的氮素累积量占总累积量的比例下降(叶的氮素累积量从 92.74% 下降到 18.67%,根的氮素累积量从 6.61% 下降为 2.48%);茎的氮素累积量占总累积量的比例增加,从 0.65% 上升到 78.85%。在苗期,甘蔗尚未有明显的蔗茎形成,氮素吸收主要积累在叶片。叶的氮素累积量占总累积量的 92.74%,各部位的氮素累积量由大到小为叶>根>茎。在分蘖期,甘蔗茎逐步形成,茎的氮素累积量超过根的累积量,各部位的氮素累积量为叶>茎>根。在伸长期之后,甘蔗茎快速生长,其氮素累积量也急速上升,超过叶的氮素累积量,根、茎、叶的氮素累积量为茎>叶>根。由此可见,在伸长期之前,叶片是甘蔗吸收氮素的主要器官。充足的氮素供应对甘蔗植株体的生长和健壮植株的培育至关重要,为甘蔗的高产奠定基础。氮素属于强移动性的营养元素,随着生育期的推进,氮素从逐渐衰老的叶片向生长发育急需营养的部位（茎）转移，从而造成叶片的氮素累积量下降，而茎的氮素累积量升高。

在甘蔗生产中，收获期只带走蔗茎，叶和根全部还田。从以上分析可以看出，甘蔗吸收的氮素有 21% 左右可以返回土壤被重新利用。由于农作物秸秆焚烧会带来很多负面问题，因此，甘蔗叶的还田和再利用对于充分利用甘蔗叶累积的氮素资源，减少氮肥施用以及保护生态环境具有重大的现实意义。

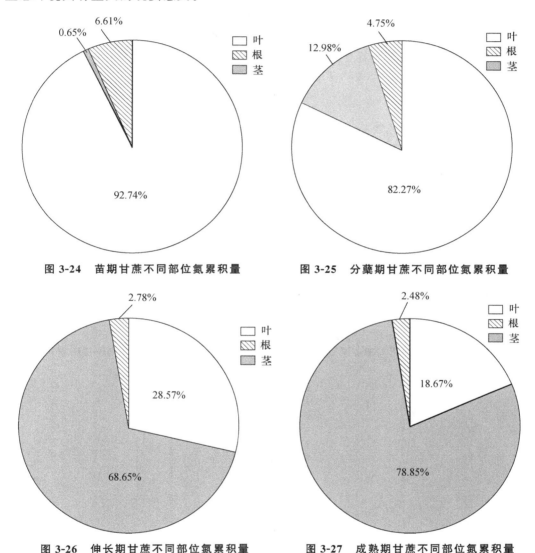

图 3-24 苗期甘蔗不同部位氮累积量   图 3-25 分蘗期甘蔗不同部位氮累积量

图 3-26 伸长期甘蔗不同部位氮累积量   图 3-27 成熟期甘蔗不同部位氮累积量

3.2.2 甘蔗磷素养分的吸收与累积

图 3-28 至图 3-31 是甘蔗在不同生育期的叶、茎和根的磷素累积量（kg/hm²）和各部位占整株的磷素累积量的百分比。由这些图可知，与氮素累积量类似，随着生育期的推进，甘蔗叶、茎和根的磷素累积量逐渐增加，叶和根的磷素累积量占总累积量的比重下降（叶的磷

素累积量从 93.86％下降到 21.81％,根的磷素累积量从 5.15％下降为 1.56％),茎的磷素累积量占总累积量的比重提高,从 0.99％上升到 76.63％。在苗期,磷素吸收主要积累在叶片中,叶的磷素累积量占总累积量的百分比最大,为 93.86％,其次为根(5.15％),茎最少(0.99％)。进入分蘖期,甘蔗茎逐步形成,茎的磷素累积量超过根的累积量,各部位的磷素累积量为叶＞茎＞根。在伸长期之后,甘蔗茎快速生长,茎的磷素累积量急速上升并成为占总累积量百分比最大的部位,根、茎、叶的磷素累积量为茎＞叶＞根。

在甘蔗生产中,收获期只带走蔗茎,叶和根全部还田。由此可知,甘蔗吸收的磷素有 23％左右可以返回土壤被重新利用。由此可见,甘蔗叶的还田和再利用对于充分利用甘蔗叶累积的磷素资源,减少磷肥施用以及保护生态环境具有重大的现实意义。随着磷矿资源的日益短缺,尤其是高品位的磷矿日渐减少,甘蔗叶还田是磷素循环再利用的有效途径。

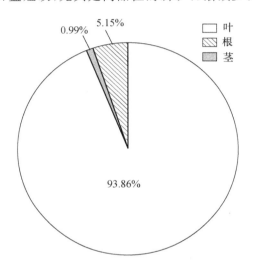

图 3-28　苗期甘蔗不同部位磷累积量

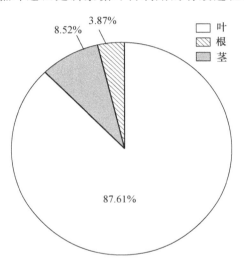

图 3-29　分蘖期甘蔗不同部位磷累积量

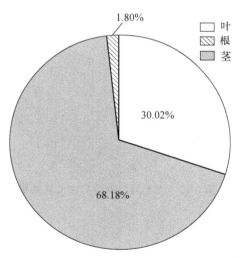

图 3-30　伸长期甘蔗不同部位磷累积量

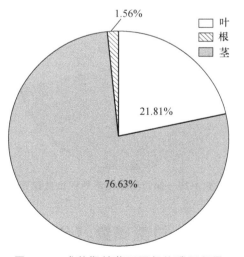

图 3-31　成熟期甘蔗不同部位磷累积量

3.2.3 甘蔗钾素养分的吸收与累积

图 3-32 至图 3-35 是甘蔗在不同生育期的根、茎和叶的钾素累积量（kg/hm²）和各部位占整株的钾素累积量的比重。由这些图可知，与氮、磷累积量类似，随着生育期的推进，甘蔗叶、茎和根的钾素累积量逐渐增加，叶和根的钾素累积量占总累积量的百分比下降（叶的钾素累积量从 92.91% 下降到 26.21%，根的钾素累积量从 6.23% 下降为 1.24%），茎的钾素累积量占总累积量的比例升高，从 0.86% 上升到 72.55%。在苗期和分蘖期，钾素吸收主要积累在叶片，叶的钾素累积量占总累积量的百分比最大，分别为 92.91% 和 86.73%；根的钾素累积量在苗期大于茎的钾素累积量，在分蘖期至成熟期均小于茎的钾素累积量。在伸长期之后，甘蔗茎快速生长，茎的钾素累积量超过总累积量的一半，根、茎、叶的钾素累积量为茎＞叶＞根。

从以上分析可以看出，甘蔗吸收的钾素有 27% 左右可以返回土壤被重新利用。由此可见，甘蔗叶的还田和再利用对于充分利用甘蔗叶累积的钾素资源，减少钾肥施用以及保护生态

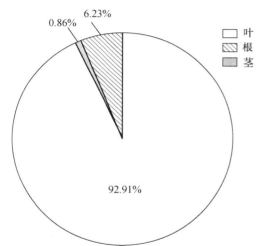

图 3-32 苗期甘蔗不同部位钾累积量

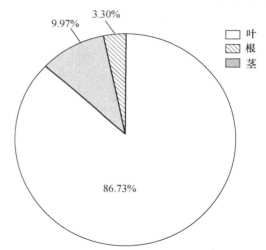

图 3-33 分蘖期甘蔗不同部位钾累积量

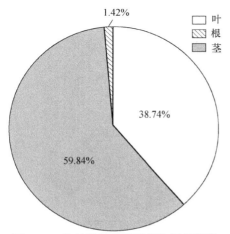

图 3-34 伸长期甘蔗不同部位钾累积量

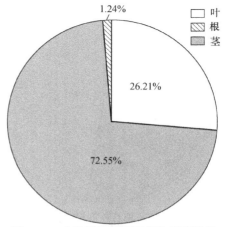

图 3-35 成熟期甘蔗不同部位钾累积量

环境具有重大的现实意义。

3.2.4　甘蔗镁素养分的吸收与累积

图 3-36 至图 3-39 是甘蔗不同生育期的根、茎和叶镁素累积量（kg /hm²）和各部位占整株镁累积量的百分比。由此可知，与氮、磷、钾累积量类似，随着生育期的推进，甘蔗根、茎和叶的镁素累积量逐渐增加，叶和根的镁素累积量占总累积量的比例下降（叶的镁素累积量从 91.75％下降到 38.10％，根的镁素累积量从 6.52％下降为 4.40％），茎的镁素累积量占总累积量的比例升高，从 1.73％上升到 57.50％。在苗期和分蘖期，镁素吸收主要积累在叶片。叶的镁素累积量占总累积量的百分比最大，分别为 91.75％和 87.28％；根的镁素累积量在苗期高于茎，而在分蘖期至成熟期均小于茎。在伸长期之后，甘蔗茎快速生长，茎的镁素累积量超过叶的镁素累积量，根、茎、叶的镁素累积量为茎＞叶＞根。

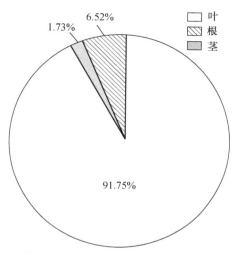

图 3-36　苗期甘蔗不同部位镁累积量

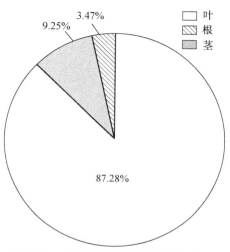

图 3-37　分蘖期甘蔗不同部位镁累积量

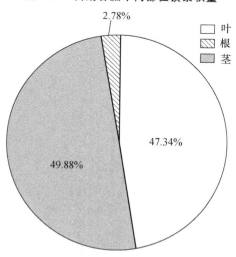

图 3-38　伸长期甘蔗不同部位镁累积量

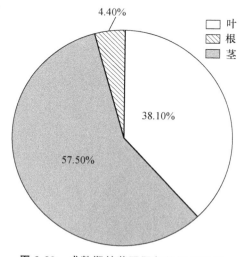

图 3-39　成熟期甘蔗不同部位镁累积量

从以上分析可以看出,甘蔗吸收的镁素有 42％左右可以返回土壤被重新利用。由此可见,甘蔗叶的还田和再利用对于充分利用甘蔗叶累积的镁素资源,减少镁肥施用以及保护生态环境具有重大的现实意义。

综上所述,甘蔗各部位的氮、磷、钾、镁累积量差异比较大:甘蔗对钾素的吸收量最大,其次为氮素,磷素最少。在苗期和分蘖期,叶片是氮、磷、钾、镁最主要的储存器官;在伸长期和成熟期,茎的氮、磷、钾、镁累积量占比最大。蔗茎累积的钾、镁等养分经过糖厂压榨制糖后,其大部分残留于糖蜜中。糖蜜若进行发酵生产酒精,则大量的钾、镁、钙等养分残留于废液中,因此,蔗叶和糖蜜酒精废液还田对于氮、磷、钾、镁等养分的循环再利用具有重要意义。

3.3　甘蔗氮、磷、钾、镁的吸收比例和累积动态

为了更好地指导甘蔗科学施肥,不仅需要了解甘蔗在生长期的氮、磷、钾、镁等养分的吸收和累积,还必须掌握甘蔗在各个时期氮、磷、钾、镁的吸收比例,从而为选择合理的肥料品种和比例提供参考依据。本书以广东春植蔗为例,介绍不同时期氮、磷、钾、镁的吸收比例。

3.3.1　甘蔗各个时期氮、磷、钾、镁的吸收比例

不同时期的养分比例对于指导甘蔗生产具有较好的指导意义,表 3-2 为广东春植蔗各时期氮、磷、钾、镁养分的吸收比例。由表 3-2 可知,在苗期,甘蔗对氮和钾的需求量相当;在其他生育期均表现为钾＞氮＞磷＞镁。在不同生育期,与氮的吸收量为基准进行比较,磷、钾的吸收比例随着生育期的推进呈现逐渐升高的趋势,而镁的吸收比例表现为下降的趋势。

表 3-2　甘蔗不同时期氮、磷、钾、镁的吸收比例

生育期	氮、磷、钾、镁
苗期	1：0.18：0.99：0.06
分蘖期	1：0.22：1.84：0.06
伸长期	1：0.37：1.77：0.04
成熟期	1：0.74：2.65：0.03

3.3.2　甘蔗整个生育期氮、磷、钾、镁的累积动态

甘蔗不同生育期的氮、磷、钾、镁累积量动态变化规律如图 3-40 至图 3-43 所示,不同养分变化趋势大致相同,均随着生育期的推进而逐渐上升,成熟期达到最大值。

从图 3-40 可知,甘蔗的氮素累积总量的变化趋势在分蘖中前期与叶的氮素累积量变化趋势一致,在分蘖中后期与茎的氮素累积量变化趋势较为吻合,说明甘蔗的氮素累积量在分蘖中期前主要来自叶的氮素累积量,而分蘖中期后茎的氮素累积量占主要比例。从甘蔗出苗后到分蘖中期以及伸长后期到成熟期,甘蔗的氮素累积较为缓慢;在分蘖中期到伸长后期,随着干物质积累量的急剧上升,氮累积量也显著增加。氮素在苗期、分蘖期、伸长期和成熟期的累积

比例分别为 11％、36％、51％ 和 2％。整个生育期的氮素累积量达到 235.00 kg/hm²。由此可见,分蘖前期的氮肥供应至关重要,生产上可结合中耕培土,追施充足的氮肥,以供甘蔗生长发育需要。

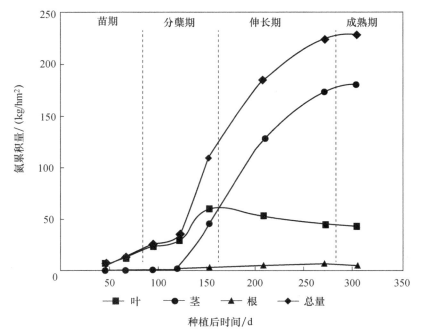

图 3-40　甘蔗不同部位氮累积量动态变化

从图 3-41 可知,在分蘖中前期,甘蔗的磷素累积总量的变化趋势与叶的磷素累积量变化趋势一致;在分蘖中后期,其与茎的磷素累积量变化趋势较为吻合,说明分蘖后期的甘蔗磷素累积量主要来自茎的磷素累积量。分蘖中期到伸长后期为甘蔗的磷素累积量的快速累积期,而苗期和成熟期的磷素累积缓慢,说明甘蔗在进入分蘖期后对磷的需求量急剧增加。其原因主要是在分蘖期后蔗茎的形成对磷素需求量增加会导致根系大量吸收养分。磷素在苗期、分蘖期、伸长期和成熟期的累积比例分别为 7％、26％、62％ 和 5％。整个生育期的磷素累积量达到 70.00 kg/hm²。由于磷肥施入土壤能被土壤较好固定而难以淋失,因此磷肥可全部作为基肥或一部分作为追肥施用。

图 3-42 是整个生育期甘蔗钾素累积量的动态变化情况。由图 3-42 可知,与氮、磷累积量类似,在分蘖中前期,甘蔗钾素累积总量的变化趋势与叶的钾素累积动态一致,分蘖中后期,其与茎的钾素累积量动态相吻合。甘蔗钾素快速累积时期为分蘖中期到伸长后期,而分蘖中期之前和伸长后期之后的累积速率较为缓慢,这主要是由进入分蘖中期后蔗茎的快速生长,干物质累积量急剧上升所致。钾素在苗期、分蘖期、伸长期和成熟期的累积比例分别为 7％、38％、52％ 和 3％。整个生育期的钾素累积量可达到 400.00 kg/hm²,是所有营养元素中最多的。由此可见,在分蘖前期,钾肥的充足供应对甘蔗生长发育至关重要。由于钾肥易于淋洗流失,故生产上可结合中耕培土将大部分钾肥作为追肥施用。

由图 3-43 整个生育期的甘蔗镁素累积量的动态变化可知,在分蘖中前期,甘蔗的镁素累积总量变化趋势与叶的镁素累积动态一致;在分蘖中后期,其与茎的镁素累积动态相吻合。甘

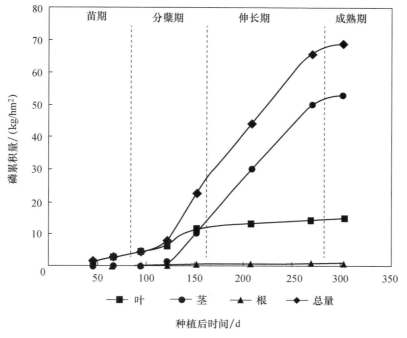

图 3-41 甘蔗不同部位磷累积量动态变化

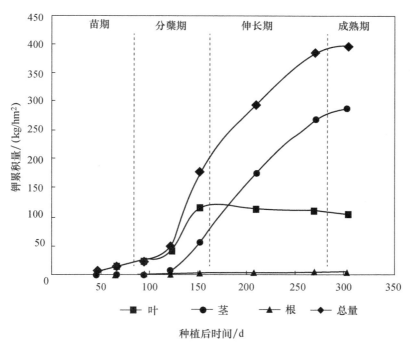

图 3-42 甘蔗不同部位钾累积量动态变化

蔗的镁素积累总量自萌芽出苗后持续上升,在分蘖中期之后进入快速增长期,在伸长后期达到最大值 11.5 kg/hm²,进入成熟期后略有降低。苗期、分蘖期、伸长期和成熟期的积累比例分别为14%、42%、43%和1%。因此,在广东酸性土壤蔗区,镁作为阳离子易于淋失,镁肥可分为基肥和追肥进行施用,以补充甘蔗生长发育对镁的需求。

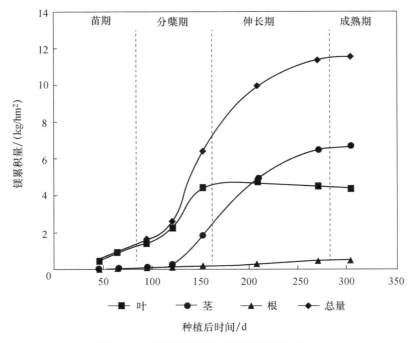

图 3-43　甘蔗不同部位镁累积量动态变化

不同时期的甘蔗氮、磷、钾养分累积量所占的总体比例不同,总体表现为苗期少,中后期多。其中,氮的主要积累时期是分蘖期和伸长前期,分别占比29.1%和32.4%;磷在分蘖期、伸长前期和伸长盛期累积量较为相近,比例为26.8%~29.7%;钾的累积量主要在伸长盛期,占比达53.3%。

在收获期,生产1 t蔗茎所带走的养分累积量如表3-3所示。由于实际生产中甘蔗在收获时只带走蔗茎,而大部分根和叶都留在田中,因此,计算蔗茎养分的带走量对于施肥量和养分比例的确定具有较好的参考依据。由表3-3可以看出,在广东蔗区平均产量6 t/亩的水平下,每生产1 t蔗茎分别带走 N 2.02 kg、P_2O_5 1.35 kg、K_2O 3.86 kg 和 MgO 0.12 kg。在实际生产中,除了考虑蔗茎养分带走量,施肥还应考虑土壤肥力状况、甘蔗目标产量以及养分淋失量等,从而更好地确定合理的肥料施用量,满足甘蔗对养分的需求,以获得理想的产量。

表 3-3　每生产 1 t 蔗茎带走的 N、P_2O_5、K_2O、MgO

养分	带走量/kg
N	2.02
P_2O_5	1.35
K_2O	3.86
MgO	0.12

第 4 章

蔗区土壤养分供应特点

4.1 我国蔗区土壤基本类型及主要特性

我国甘蔗分布在湿热同季、高温多雨的南方热带、亚热带地区,干湿季明显,富铝化与生物富集互相作用,土壤酸化明显。我国南方甘蔗生产区主要土壤以赤红壤和砖红壤居多,其中还包括燥红土、黄沙泥、黄胶泥、黑胶泥、赤黄红壤、棕壤和紫色土等。蔗区土壤中的各种营养元素存在的形态和含量会直接影响甘蔗生长发育的营养水平,进而影响甘蔗的产量和产糖量。了解土壤养分丰缺状况既是甘蔗优质、高产的基础,也是制订甘蔗合理施肥方案的重要依据。

我国甘蔗主要种植在云南、广西、广东和海南的丘陵旱坡地。云南蔗区旱坡地甘蔗面积占80%,甘蔗主要分布在滇南和滇西南的临沧市、德宏市、保山市、普洱市、红河哈尼族彝族自治州和玉溪市的新平县、元江县等 7 个州市。云南蔗区的土壤类型主要以由红壤和红壤发育而成的水稻土为主,部分为紫色土和砖红壤。广西蔗区主要分布于红水河以南,土壤类型以第四纪红土母质发育的酸性土壤为主,约占蔗区总面积的 70%,在红土中又以赤红壤居多;石灰岩土壤也较多,占 20%~30%;还有少量硅质土和砾质土等。广西多数蔗区分布于丘陵斜坡、峰林谷地及溶蚀平原,土层浅薄而紧实,土中含铁锰结核或砾石较多。广东蔗区主要分布在粤西一带,土壤类型主要为砖红壤和赤红壤,成土母质为浅海沉积物和玄武岩、花岗岩、砂页岩风化物,矿物风化和淋溶强烈,生物过程旺盛,岩石和矿物分解完全,铁铝氧化物积累多。

粤西蔗区土壤的主要特性有三点:一是原生矿物风化比较彻底,土层深厚,土壤矿物中的次生矿很多,原生矿极少;二是盐基物质高度淋溶,盐基饱和度低,盐基代换量低;三是富铝化程度高,酸度大,腐殖质质量差。因土壤类型、海拔高度、成土母质、栽培品种、耕种制度、生产水平和施肥水平等不同,土壤养分具有一定的空间分布特点,并表现出一定的空间随机性,故不同蔗区土壤的基础肥力水平存在较大差异,同一蔗区的土壤变化差异也大。

4.2 我国甘蔗主产区甘蔗养分状况

4.2.1 蔗区土壤有机质

土壤有机质含量水平与土壤肥力密切相关,是土壤养分的储藏库。其动态变化对土壤生物及物理化学特性产生重要作用。土壤有机质含量不仅受自然条件的制约,还受施肥、耕作等人为因素的影响。

1. 粤西蔗区

粤西蔗区甘蔗种植三大县(市)徐闻县、雷州市和遂溪县种植区土壤有机质含量($n = 2$ 341)变幅为 $4.21 \sim 55.82$ g/kg,平均含量为 22.14 g/kg,变异系数为 46.34%,表明粤西蔗区土壤有机质存在较大的空间变异。按照第二次全国土壤普查推荐的土壤有机质分级标准,即$\leqslant 6$ g/kg 为 1 级,$6 \sim 10$ g/kg 为 2 级,$10 \sim 20$ g/kg 为 3 级,$20 \sim 30$ g/kg 为 4 级,$30 \sim 40$ g/kg 为 5 级,> 40 g/kg 为 6 级等 6 个级别指标,级别越高,土壤有机质越丰富。按此分级标准表明,徐闻县土壤有机质主要分布在 3 级及以上,占样本总数的 86.10%,其平均含量为 23.72 g/kg,属于 4 级,总体处于中等水平;雷州市和遂溪县土壤有机质等级分布类似,3 级及以上占总样本数的 95%。粤西 3 个县(市)的土壤有机质 3 级及以上占 93%,大部分土壤有机质含量为中等及中等偏上水平,不同地块土壤有机质含量差异较大,这和当地农民的耕作水平、种植习惯、管理措施有很大关系(表 4-1)。湛江农垦科研所对垦区各个农场甘蔗产区土壤的分析结果($n = 2$ 798)统计表明,整个垦区土壤有机质属于中等偏上水平。与 1984 年第二次土壤普查相比,湖光蔗区土壤有机质下降 1.70 g/kg;丰收蔗区土壤有机质降低 2.43 g/kg;广前蔗区土壤有机质降低 1.51 g/kg;华海蔗区的土壤有机质与第二次土壤普查相比则略有提高。这个结果与丰收、广前蔗区基本不施用有机肥有关。

表 4-1 粤西蔗区土壤有机质状况

统计内容		徐闻县	雷州市	遂溪县	总体
样本数/个		698	810	833	2 341
最大值/(g/kg)		44.61	55.32	55.82	55.82
最小值/(g/kg)		4.56	4.30	4.21	4.21
平均数/(g/kg)		23.72	20.63	22.29	22.14
变异系数 CV/%		41.62	48.57	47.60	46.34
各分级占比/%	$\leqslant 6$	7.16	0.74	0.36	2.52
	$6 \sim 10$	6.73	3.46	4.80	4.91
	$10 \sim 20$	22.49	56.79	46.46	42.89
	$20 \sim 30$	26.07	22.96	23.65	24.13
	$30 \sim 40$	16.91	8.40	16.21	13.71
	> 40	20.63	7.65	8.52	11.83

2. 云南蔗区

云南甘蔗主产区土壤有机质含量（$n=1\,450$）平均为 20.6 g/kg，含量的 4～40 g/kg，占 98％，其中以低、中水平为主，占 78％。从区域分布来看，在云南各市（州、县）土壤有机质含量中，德宏州最高，红河哈尼族彝族自治州第二，两者处于中等水平；新平县、普洱市、临沧市和保山市土壤有机质含量则属于低水平。德宏州土壤有机质含量最高的原因与该蔗区 60％左右为水田有关，水田比旱地更有利于土壤养分积累。红河哈尼族彝族自治州土壤有机质含量高可能是因为该地区的降水量比其他几个地区少，土壤含水量比其他几个地方低，故有利于有机质积累。其中，临沧市不同蔗区土壤有机质含量变异较大。临沧市沧源蔗区土壤有机质含量（$n=185$）平均值为 27.4 g/kg，绝大多数处于中等偏高水平，极高和高水平（>30 g/kg）的占 33.51％，中等水平（20～30 g/kg）的占 45.95％；临沧市耿马蔗区 60％以上土壤有机质含量（$n=737$）属于中上水平，其中高和极高水平（30～40 g/kg）、中等水平（20～30 g/kg）、低及缺乏水平（<20 g/kg）的分别占 41％、22％和 36％；临沧市双江县蔗区土壤有机质含量（$n=206$）处于高水平（>40 g/kg）的田块仅占 1.4％，处在极低水平（10～20 g/kg）的田块则高达 46.1％，这与蔗田土壤长期缺乏有机肥投入有关。而玉溪市新平县蔗区土壤大部分缺乏有机质，绝大多数有机质含量为 10～30 g/kg，占样本总数的 83.2％，有机质缺乏（<2％）的数量占 51.17％。

3. 广西蔗区

广西蔗区土壤有机质含量大于 40 g/kg 的占 17.65％，30～40 g/kg 的占 20.72％，20～30 g/kg 的占 30.4％，10～20 g/kg 的占 21.55％，小于 10 g/kg 的占 9.59％；总体约有 70％的土壤有机质含量在 20 g/kg 以上，整体属于中上水平，但不同蔗区土壤有机质含量有一定差异。其中，广西来宾市兴宾蔗区的土壤有机质含量（$n=104$）平均为 18.6 g/kg，处于中下水平的占 55.8％。广西南宁市和崇左市蔗区土壤有机质含量则普遍偏低，处于低水平（<25.0 g/kg）的占 58.9％。广西桂南蔗区土壤有机质平均含量（$n=498$）为 24.5 g/kg，属于中等水平，处于高水平（30～40 g/kg）、中水平（20～30 g/kg）和低水平（10～20 g/kg）的样本分别占样本总数的 21.5％、48.4％和 27.1％。雷崇华等（2015）对金光农场蔗区进行调查（$n=1\,200$）分析显示，土壤有机质含量平均为 21.34 g/kg，在中等水平的样本占 68.25％。

4. 海南蔗区

海南甘蔗主产区西部儋州、昌江、白沙、北部临高、澄迈和定安蔗区土壤有机质含量（$n=85$）平均为 15.3 g/kg，其中<10 g/kg 的土样占 38.82％，10～20 g/kg 的土样占 28.24％，>20 g/kg 的土样占 32.94％。海南北部蔗区土壤有机质较为丰富，西部蔗区土壤有机质含量则偏低。海南省临高县蔗区土壤有机质含量高，平均含量为 27.6 g/kg。其原因一是该蔗区土壤成土母质是玄武岩风化土，土体深厚，蓄水保肥性强；二是当地农民一般采用蔗—蔗—木薯或甘薯—蔗的轮作方式，以利于地力的提升。

4.2.2　蔗区土壤氮素

土壤全氮是指土壤中各种形态氮素含量之和，包括有机态氮和无机态氮。土壤碱解氮，又称有效氮，是指土壤中氮素营养的有效形态，包括无机态氮（铵态氮、硝态氮）及易水解的有机态氮，能反映土壤氮素的供应状况，与作物生长关系密切。氮素营养的充分供应是保证作物发育和获得高产稳产的基础，了解土壤氮素营养状况是合理施用氮肥、提高氮肥利用率和减少环境污染的重要参考因素。土壤氮素含量取决于成土条件、利用方式和耕作施肥制度等。

1. 粤西蔗区

粤西蔗区甘蔗种植3大县(市)徐闻县、雷州市和遂溪县土壤碱解氮含量($n = 2\ 341$)变幅为15.40~457.80 mg/kg,平均含量为115.05 mg/kg,变异系数为40.12%,变异系数高,说明不同地块差异较大。项目组基于粤西蔗区2010—2013年'3414'肥料试验共52个试验点的数据建立了相应的碱解氮分级标准,共分为5个等级,即低等级≤110 mg/kg,较低等级110~130 mg/kg,中等级130~190 mg/kg,较高等级190~230 mg/kg,高等级>230 mg/kg。参照此分级标准,徐闻县种植甘蔗的土壤碱解氮水平为低、较低和中等级的样本分别占该县样本总数的36.68%、15.04%和39.68%,该3个等级样本合计占91.4%及以上,较高等级以上的样本比例较少;雷州市和遂溪县结果与徐闻县土壤碱解氮分级结果类似,土壤碱解氮水平为低、较低、中等级,合计占90%以上。研究结果表明,粤西土壤碱解氮含量总体较低(表4-2)。由湛江农垦科研所对各个农场甘蔗产区土壤分析的结果($n = 2\ 798$)可知,整个蔗区土壤全氮含量属于中等水平,丰富级占比极少,有些蔗区存在少数全氮缺乏的情况。不同农场的土壤碱解氮差异较大,华海、丰收、友好、金星、五一农场的土壤碱解氮丰富水平占比较高,其他农场中等水平占比较高,都极少出现碱解氮缺乏的现象。与第二次土壤普查相比,湖光农场的土壤全氮含量降低0.07 g/kg,碱解氮含量降低10.76 mg/kg;丰收公司全氮含量降低0.15 g/kg,但碱解氮含量有所增加;华海蔗区全氮含量降低0.44 g/kg,碱解氮含量降低6.46 mg/kg;广前蔗区全氮含量增加0.09 g/kg,碱解氮含量增加2.84 mg/kg。广前蔗区的氮肥施用量比华海蔗区和丰收蔗区略高,这也可能是广前蔗区全氮含量略有增加,而其他蔗区全氮含量略有下降的原因。

表 4-2 粤西蔗区土壤碱解氮状况

统计内容		徐闻县	雷州市	遂溪县	总体
样本数/个		698	810	833	2 341
最大值/(mg/kg)		360.60	407.80	269.50	457.80
最小值/(mg/kg)		15.40	19.60	16.80	15.40
平均数/(mg/kg)		126.83	104.73	115.22	115.05
变异系数 CV/%		35.37	43.00	39.92	40.12
各分级占比/%	≤110	36.68	59.63	45.74	47.84
	110~130	15.04	11.48	16.09	14.18
	130~190	39.68	26.17	32.29	32.38
	190~230	6.45	2.10	4.80	4.36
	>230	2.15	0.62	1.08	1.24

2. 云南蔗区

云南省甘蔗主产区($n = 1\ 450$)96%的土壤全氮含量处于0.1~2.0 g/kg,其中以低、中水平为主,占总数的90%;绝大多数土壤碱解氮含量处于15~160 mg/kg,占总量的98%,其中以低、中水平为主,占71%。从区域分布来看,保山市土壤的全氮平均含量最低,为低含量水平。此外,土壤全氮处于低水平含量的区域还有临沧市、红河哈尼族彝族自治州、普洱市,新平县和红河哈尼族彝族自治州为中等水平。保山市土壤全氮平均含量比其他州(市、县)少2%~72.3%。土壤全氮高水平及以上含量最多的是德宏州,占样本总数的23%。其中,临沧市不同蔗区土壤氮素水平差异较大。临沧市沧源蔗区土壤（$n=185$）全氮含量极低＜0.75 g/kg,占78.38％,平均为0.42 g/kg,碱解氮含量中等,平均为101.43 mg/kg;临沧市耿马蔗区（$n=737$）绝大多数土壤碱解氮含量处于中上水平,占79％;临沧市双江县蔗区（$n=206$）土壤全氮含量处于中、低水平,占94.6％,碱解氮含量处于中、低水平,占86.8％。玉溪市新平县蔗区绝大多数土壤碱解氮含量处于中、低水平,其中缺乏（＜90 mg/kg）的土样占45.88％,中等水平（90～120 mg/kg）的土样占30.59％。

3. 广西蔗区

广西甘蔗主产区土壤碱解氮含量范围为38.22～197.37 mg/kg,平均含量达到中等水平（102.7 mg/kg）。从分级情况来看,处于缺乏状态（＜80 mg/kg）的土样占26.36％,中等土样占48.18％,处于丰富状态（＞120 mg/kg）的土样占25.45％,总体处于中等偏上水平。不同蔗区土壤氮素含量变异较大。广西来宾市兴宾蔗区（$n=104$）的土壤全氮平均含量为0.92 g/kg,处在中等偏下水平（0.5～1.5 g/kg）的土样占77.0％,大于2.0 g/kg的土壤仅占3.8％;碱解氮平均含量为80.2 mg/kg,处在中下水平（50～100 mg/kg）的土样占53.9％。广西桂南蔗区土壤调查（$n=498$）的结果表明,速效氮处于中下水平,平均含量为87.85 mg/kg,氮缺乏的土样占39.76％。金光农场蔗区（$n=1\ 200$）全氮含量大部分在中等水平,平均含量为1.12 g/kg,在中上水平的土样占88.72％。

4. 海南蔗区

海南甘蔗主产区西部儋州、昌江、白沙、北部临高、澄迈和定安蔗区（$n=85$）土壤碱解氮含量平均值为58.81 mg/kg,62.35％的土壤碱解氮含量低于60 mg/kg。海南省临高县蔗区土壤全氮处于很高水平,平均含量为16.2 g/kg;土壤碱解氮含量处于较高水平,平均含量为83.9 mg/kg。

4.2.3 蔗区土壤磷素

土壤全磷含量是土壤的潜在供磷量,而有效磷含量是土壤供应能力的重要指标。在一定水平范围内,施用磷肥能有效提高作物产量。

1. 粤西蔗区

粤西蔗区第二次全国土壤普查结果表明,该地区土壤中的有效磷含量很低,以至于严重制约了作物生长。近30年来,随着磷肥施用量的增加,该地区土壤有效磷含量大幅提高,粤西土壤有效磷含量已发生很大变化,部分土壤甚至出现了磷素富集的现象。有效磷测试值能很好地评价土壤磷的生物有效性。其中粤西蔗区徐闻县、雷州市和遂溪县（$n=2\ 341$）土壤有效磷含量变幅为0.35～83.5 mg/kg,平均含量为27.5 mg/kg,变异系数为45.15％,变异系数高,不同地块差异较大。项目组基于粤西蔗区2010—2013年'3414'肥料试验共52个试验点的数据建立了相应的土壤有效磷分级标准,即低等级≤5 mg/kg、较低等级5～20 mg/kg,中等级20～30 mg/kg,较高等级30～60 mg/kg、高等级＞60 mg/kg。依据此分级标准,粤西蔗区土壤有效磷含量主要以较低、中等和较高3个等级为主,较低、中等和较高等级分别占样本总数的25.84％、39.56％、31.18％,该3个等级的样本占样本总数的96％及以上,而高等级和低等级的比例都很少。徐闻县、雷州市和遂溪县土壤有效磷等级分布与总体分布趋势基本一样,主要为较低、中等和较高3个等级（表4-3）。由湛江农垦科研所对各个农场甘蔗产区土壤分析的结果（$n=2\ 798$）可知,大部分农场的土壤有效磷含量属于中等偏上水平,中等水平的比例较高,丰富级和缺乏级的比例稍低。与第二次全国土壤普查相比,湖光、丰收、华海、广前蔗区的土壤有效磷含量均有增加,分别增加 16.59 mg/kg、2.90 mg/kg、15.47 mg/kg、77.52 mg/kg。土壤有效磷增幅较大可能是由近几年蔗农加大过磷酸钙施用量所致。

表 4-3　粤西蔗区土壤有效磷状况

统计内容		徐闻县	雷州市	遂溪县	总体
样本数/个		698	810	833	2 341
最大值/(mg/kg)		70.16	75.3	83.5	83.5
最小值/(mg/kg)		1.18	0.9	0.35	0.35
平均数/(mg/kg)		24.52	26.39	31.08	27.5
变异系数 CV/%		37.56	46.06	45.19	45.15
各分级占比/%	≤5	1.15	1.23	1.44	1.28
	5~20	31.09	27.16	20.17	25.84
	20~30	44.13	42.59	32.77	39.56
	30~60	23.50	28.27	40.46	31.18
	>60	0.14	0.74	5.16	2.14

2. 云南蔗区

云南省甘蔗主产区的土壤全磷和有效磷含量普遍较低。据郭家文等(2010)调查结果显示,99%的土壤全磷含量($n=1\ 450$)为 0.02~1.5 g/kg,处在中、低水平及以下的土样占样本总数的 79%;绝大多数土壤有效磷含量为 0.5~29 mg/kg,有效磷含量处于中等偏下水平,处在中水平以下的占 92%。从区域分布来看,各市(州、县)土壤磷素含量相比,红河哈尼族彝族自治州的土壤全磷含量最高,平均达高含量水平,比其他州(市、县)高 4%~84%,是普洱市的 6 倍多;新平县和保山市也为高水平,临沧市、德宏州为低水平,普洱市为极低水平。其中,临沧市沧源蔗区($n=185$)土壤全磷含量低,平均为 0.82 g/kg;有效磷含量低,平均为 6.33 mg/kg;耿马蔗区($n=737$)绝大多数有效磷含量处于中、低水平,占 83%;双江县蔗区($n=206$)土壤全磷和有效磷处于中、低下水平,全磷含量平均为 0.50 g/kg,有效磷含量平均为 18.33 mg/kg。玉溪市新平县蔗区土壤有效磷缺乏(<10 mg/kg)的土样占 27.05%,中等水平(10~20 mg/kg)的土样占 25.29%。

3. 广西蔗区

广西甘蔗主产区的土壤有效磷含量变异大,范围为 1.01~56.13 mg/kg,平均值为 22.79 mg/kg。从分级情况来看,广西蔗区的土壤有效磷含量处于缺乏状态(<10 mg/kg)的土样占 30.91%,中等土样占 14.55%,处于丰富状态(>20 mg/kg)的土样占 54.55%,总体处于较丰富水平,但不同蔗区的土壤磷素水平差异较大。其中,广西来宾市兴宾蔗区($n=104$)的土壤全磷含量平均为 0.47 g/kg,绝大多数处在中、低水平(0.2~0.6 g/kg),占 67.3%;有效磷含量平均为 9.79 mg/kg,处在中等水平(5~20 mg/kg)的土样占 80.7%。广西南宁市和崇左市蔗区的土壤有效磷以中、低水平为主,平均含量为 12.3 mg/kg,处于缺乏和极缺乏的土样占 72.8%。广西桂南蔗区($n=498$)的土壤有效磷处于中、低水平,平均含量为 21.72 mg/kg,缺乏的土样为 27.51%。金光农场蔗区($n=1\ 200$)的土壤有效磷平均含量为 18.75 mg/kg,在中等、偏高的土样占 78.58%。与第二次全国土壤普查相比,桂南蔗区的土壤磷素已有较大提高。

4. 海南蔗区

海南甘蔗主产区西部儋州、昌江、白沙、北部临高、澄迈和定安蔗区($n=85$)土壤磷素含量较低，有效磷含量平均值为 24.68 mg/kg，38.82％的土壤有效磷含量＜10 mg/kg。海南省临高县蔗区的土壤全磷含量处于高水平，平均含量为 1.449 g/kg；有效磷含量处于偏低水平，平均含量为 9.9 mg/kg。

4.2.4　蔗区土壤钾素

土壤中全钾和有效钾的含量反映了土壤含钾量和实际供钾状况，对合理施用钾肥具有重要的指导意义。除受气候、母质、植被、地形等成土因素的影响外，土壤钾素还与人为耕作等因素有密切关系。

1. 粤西蔗区

第二次全国土壤普查资料表明，粤西蔗区徐闻县、雷州市和遂溪县的土壤有效钾含量极低，含量为 11～33 mg/kg，为极度缺钾土壤。缺钾是当时限制当地作物生长的重要因素。近 30 年来，人们对施用钾肥日益重视，土壤中的钾素不断积累。粤西蔗区徐闻县、雷州市和遂溪县($n=2\ 341$)的土壤有效钾含量为 9.66～493.14 mg/kg，平均为 135.03 mg/kg，属中等水平，不同地块差异较大。项目组基于粤西蔗区 2010—2013 年 '3414' 肥料试验共 52 个试验点的数据建立了相应的土壤有效钾分级标准，即低等级≤20 mg/kg、较低等级 20～90 mg/kg、中等级 90～180 mg/kg、较高等级 180～360 mg/kg、高等级＞360 mg/kg。根据此分级标准，粤西蔗区土壤有效钾主要分布在较低、中等和较高 3 个等级，处于较低、中等和较高水平的土样分别占样本总数的 29.73％、47.97％和 19.91％，该 3 个等级合计占样本总数的 97％及以上，而高等级和低等级的比例很少。徐闻县、雷州市和遂溪县土壤有效钾等级分布与总体分布趋势基本一样，主要为较低、中等和较高 3 个等级，表明经过长期的耕作，粤西土壤有效钾水平与第二次全国土壤普查相比有了大幅度提高（表 4-4）。由湛江农垦科研所对各个农场甘蔗产区土壤分析的结果($n=2\ 798$)可知，大部分农场有效钾含量中等级的比例较高，丰富级比例较低，有部分农场出现一定比例的有效钾缺乏。与第二次全国土壤普查相比，湖光、丰收、华海、广前蔗区的土壤有效钾含量均有大幅增加，分别增加了 44.97 mg/kg、91.01 mg/kg、107.63 mg/kg、

表 4-4　粤西蔗区土壤有效钾状况

统计内容		徐闻县	雷州市	遂溪县	总体
样本数/个		698	810	833	2 341
最大值/(mg/kg)		493.14	435	489.76	493.14
最小值/(mg/kg)		9.66	11.5	15.3	9.66
平均数/(mg/kg)		144.20	134	128.9	135.03
变异系数 CV/％		65.06	60.65	51.59	59.35
各分级占比/％	≤20	1.43	0.37	0.24	0.64
	20～90	30.80	33.95	24.73	29.73
	90～180	39.40	42.47	60.50	47.97
	180～360	24.50	22.22	13.81	19.91
	＞360	3.87	0.99	0.72	1.75

116.58 mg/kg。这是因为农垦蔗农对钾肥施用比较重视,土壤钾素含量提升。

2. 云南蔗区

云南甘蔗主产区的土壤全钾含量平均为 14.24 g/kg,绝大多数土壤全钾含量处在 0.3～34 g/kg,占 99%,中、低、极低水平占 80%,总体处于低水平以下;土壤有效钾含量平均为 108.5 mg/kg,变幅为 21.3～696.0 mg/kg,总体处在中等偏高水平,占 76%。从区域分布来看,6 个市(州、县)的土壤钾素含量比较,全钾平均含量处于中等水平的有德宏州,临沧市、保山市、红河哈尼族彝族自治州、普洱市和新平县都处于低水平;有效钾平均含量处于高水平的有临沧市、德宏州、红河哈尼族彝族自治州、保山市,而新平县和普洱市处于中等水平,临沧市的有效钾含量水平最高,比其他州(市、县)高 10%～46%,是普洱市的 1.8 倍。其中,临沧市沧源县($n=185$)和耿马县($n=737$)的土壤全钾含量低,平均为 14.03 g/kg;有效钾含量中等,平均为 146.32 mg/kg;耿马蔗区绝大多数有效钾含量处于中、低水平,占 76%。双江县蔗区($n=206$)土壤全钾和有效钾处于中低水平,全钾含量平均为 11.9 g/kg,有效钾含量平均为 113.60 mg/kg。玉溪市新平县蔗区土壤有效钾缺乏(<100 mg/kg)的土样占 50.58%。结合云南蔗区有效钾的分布特点可以看出,云南蔗区的土壤钾素没有氮素、磷素那么缺乏。甘蔗是喜钾作物,钾素对甘蔗糖分积累起重要的作用,而糖分高低又直接关系到糖厂的经济效益,故云南蔗区应当在土壤缺钾严重的区域集中施用钾肥。

3. 广西蔗区

广西甘蔗主产区的土壤有效钾含量的变幅为 8.00～509.00 mg/kg,平均含量达 158.45 mg/kg。从分级情况来看,处于缺乏状态(<50 mg/kg)的土样占 4.63%,中等水平的土样占 27.78%,处于丰富状态(>100 mg/kg)的土样高达 67.59%,总体处于较丰富水平,但不同蔗区土壤钾素含量差异较大。来宾市兴宾蔗区($n=104$)的土壤全钾含量平均为 2.47 g/kg,绝大多数土样处于极低水平(<5 g/kg),占 88.5%;有效钾含量平均为 76.2 mg/kg,处于中、低水平(50～100 mg/kg)的土样占 53.8%。广西南宁市和崇左市蔗区土壤调查结果表明,土壤有效钾含量多数处于中、低水平,平均含量为 81.4 mg/kg;处于低、极低水平(<60 mg/kg)的土样占 42.6%,处于中等水平(60～130 mg/kg)的土样占 48.2%。广西桂南蔗区($n=498$)的土壤有效钾处于中、低水平,平均含量为 85.84 mg/kg,处于缺乏状态的土样为 18.47%。金光农场蔗区($n=1\,200$)的大部分土壤有效钾含量在中等水平及以上,平均含量为 142.46 mg/kg,在中等水平的土样占 50.53%。与第二次全国土壤普查相比,桂南蔗区的土壤钾素已有较大提升。

4. 海南蔗区

海南甘蔗主产区西部儋州、昌江、白沙,北部临高、澄迈和定安蔗区($n=85$)的土壤含钾量较缺乏,有效钾平均含量为 44.21 mg/kg,78.82% 的土壤有效钾含量<50 mg/kg。海南省临高县蔗区土壤全钾含量处于极低水平,平均含量为 0.469 g/kg;土壤有效钾含量处于中、低水平,平均含量为 105.1 mg/kg。

4.2.5　蔗区土壤中微量元素营养状况

中微量元素是甘蔗正常代谢必不可少的营养元素,主要有钙、镁、硫、铁、锰、锌、铜、硼等。除了参与甘蔗体内正常的生理生化过程之外,甘蔗生长所必需的中微量元素还对甘蔗的产量、糖分和抗病能力有很大的影响。

1. 粤西蔗区

粤西蔗区调研地块的土壤交换性钙、交换性镁含量分别为 1 053.9～1 241.2 mg/kg、5.8～195.8 mg/kg，平均含量分别为 1 133.5 mg/kg、27.5 mg/kg。可见，总体的交换性钙的含量达到极丰富水平，而大部分蔗区缺镁，交换性镁缺乏（<50 mg/kg）的土样占 91.7%。粤西蔗区土壤有效铁、有效锰、有效铜、有效锌和有效硫处于丰富状态，平均含量分别为 236.8 mg/kg、26.7 mg/kg、2.3 mg/kg、3.1 mg/kg、26.3 mg/kg。土壤有效钼总体处于中等水平，平均含量为 0.2 mg/kg。蔗区土壤缺硼严重，有效硼的平均含量为 0.3 mg/kg，处于低水平（<0.5 mg/kg）的土样占 75%。

2. 云南蔗区

云南省临沧市沧源县蔗区的土壤有效锌、有效锰、有效铁和有效铜等微量元素含量存在不同程度的差异，其中有效锌含量处于中、低水平，有效锰、有效铁、有效铜含量不缺乏。有效锌含量低（<1.5 mg/kg）的土样占样本总数的 79.75%，而 93% 以上的有效锰、有效铁和有效铜土样都处于高水平。临沧市双江县蔗区有效锰、有效锌、有效铜、有效铁平均含量分别为 25.77 mg/kg、0.98 mg/kg、1.08 mg/kg 和 59.01 mg/kg，有效铁含量较高，有效锰、有效铜含量适中，有效锌含量偏低。玉溪市新平县蔗区的土壤大部分不缺镁，交换性镁缺乏（<50 mg/kg）的土样占 13.04%，有效硫缺乏（16 mg/kg）的土样占 38.57%，且不同地块的交换性镁、有效硫含量差异较大。该县蔗区大部分土壤处于缺硼或严重缺硼状态，有效硼缺乏（<0.5 mg/kg）的土样占 94.29%；有效锰缺乏（<15 mg/kg）的土样占 10%；有效锌缺乏（<1.5 mg/kg）的土样占 31.43%。

3. 广西蔗区

据谭宏伟（2019）报道，广西蔗区的土壤普遍缺硼和钼，其中小于 0.3 mg/kg 的缺硼土壤占 96.2%；锌、锰缺乏面积达 30% 以上，铜、铁基本不缺乏。从地域上看，北部的有效锌含量（平均 1.58 mg/kg）高于东南部（平均 1.07 mg/kg）；西北部蔗区的土壤有效硼较高，东南部蔗区的有效硼含量较低。据广西桂南蔗区土壤的微量元素含量调查显示，土壤有效钙、有效镁处于中等偏低水平，平均含量分别为 592.68 mg/kg 和 62.34 mg/kg，其中有效钙、有效镁的缺乏比例分别达 55.02% 和 69.08%。有效铁、有效锰、有效铜、有效锌、有效硼平均含量分别为 43.35 mg/kg、26.96 mg/kg、0.65 mg/kg、0.93 mg/kg 和 0.24 mg/kg。铁、锰含量较丰富，大部分土壤的有效铜和有效锌含量处于中等水平，整体有效硼含量处于极低或低水平。对金光农场蔗区（$n=1\ 200$）进行的调查分析显示，交换性钙和交换性镁的平均含量分别为 694.50 mg/kg 和 56.73 mg/kg，交换性钙在大部分蔗区处在中等及以上水平，中等和偏高及以上水平的土样分别占 53.18% 和 35.51%；大部分交换性镁处于偏低水平，中等水平的土样占 37.95%，偏低及以下的土样占 60.72%。有效硫含量非常丰富，平均含量为 46.52 mg/kg，偏高、极高范围的土样占 87.32%。

4. 海南蔗区

据海南主蔗区土壤的微量元素含量调查显示，多数土壤交换性钙含量较低，平均值为 641.81 mg/kg，其中 60% 的土样<450 mg/kg。土壤交换性镁含量平均为 132.36 mg/kg，80.0% 的土壤交换性镁含量<120 mg/kg；土壤有效硫含量平均为 22.43 mg/kg，28.24% 的土样有效硫含量<12 mg/kg。海南蔗区土壤缺硼严重，平均值为 0.284 8 mg/kg，85.53% 的土样有效硼含量低于临界值。有效锌和有效铁含量较为丰富，平均含量分别为 3.73 mg/kg

和 14.56 mg/kg。临高县蔗区的土壤交换性钙含量和交换性镁含量则处于极高水平,平均含量分别为 2 018.1×10^6 mg/kg 和 496.54×10^6 mg/kg。

4.3　蔗区土壤肥力存在的主要问题

4.3.1　土壤酸化严重

土壤酸碱度对土壤中各种营养元素的有效性产生重要影响。甘蔗生长发育适宜的土壤 pH 为 6.1～7.5。根据相关资料统计,我国蔗区土壤 pH 为 2.45～8.8,绝大多数土壤 pH 为 4.5～5.50,土壤呈酸化程度高。其中,粤西蔗区徐闻、雷州和遂溪三个甘蔗种植县(市)的土壤 pH 平均为 4.72,极酸和强酸性土壤占 84%,与第二次全国土壤普查结果相比,土壤 pH 有所下降;云南主蔗区土壤 pH 平均为 5.50,90% 及以上的土壤 pH 为 4.2～8.8,其中 pH 为 5.5 及以下的土壤占样本总数的 62%;广西主蔗区土壤 pH 为 4.5～5.5 的土壤占样本总数的 58.6%;海南主蔗区土壤 pH 平均为 4.50,pH<5.5 的土样占 88.23%。过酸的土壤使土壤养分有效性降低。游离铁、铝离子增多会对甘蔗产量和品质产生不利影响。除与成土和气候条件有关外,土壤酸化也与施肥较为密切。酸性肥料长期在酸性土壤上大量施用后不仅能加速土壤的酸化,而且会降低养分的有效性,不利于作物对养分的吸收。此外,氮素的过量施用使氮素过多地残留于土壤,造成土壤酸度增加。因此,甘蔗在生产上宜适量施用石灰,以改良土壤酸化问题。

4.3.2　微量元素亏缺

综合甘蔗主要种植区土壤分析结果得知,我国蔗区土壤有效硼普遍缺乏。硼具有稳定的叶绿素结构,可以调节酶的活性,促进蛋白质的合成和碳水化合物的运输等。蔗区土壤中的硼含量普遍偏低,其主要原因是甘蔗生产中普遍存在氮、磷、钾施用量大幅增加,而忽视微量元素肥料的现象。因此,针对蔗区土壤硼含量普遍亏缺的问题,应注意监控和补充施用,及时矫正。

第5章

甘蔗主要养分管理策略

甘蔗是 C_4 作物，产量高，吸肥量大。科学的养分管理是甘蔗获得高产、高糖的物质保障。甘蔗养分管理的总体策略是以甘蔗养分需求为基础，在考虑土壤和其他养分供应能力的前提下，利用施肥补充甘蔗所需养分。在具体应用里，技术思路以 4R 为基础，即通过合理的施用量、合适的施用时间、合适的肥料产品和合适的施用位置，充分发挥化肥最大利用效率，提高甘蔗产量，降低环境风险。

5.1 甘蔗的氮素营养与管理策略

氮素既是甘蔗需求量最大的养分之一，也是最容易限制甘蔗产量提升的因子，单纯依靠土壤供应的氮素无法满足甘蔗高产的需求。根据 FAO(2011)统计，美国、澳大利亚、巴西等国家的甘蔗氮肥施用量低于 160 kg/hm²，而中国的氮肥施用量为 100～750 kg/hm²，中国的氮肥平均施用量是发达国家的 3 倍以上。在我国甘蔗生产中，过量施用氮肥的问题突出，而过量施用氮肥并没有进一步提高甘蔗的产量和品质。因此，科学施用氮素对于甘蔗的可持续健康发展极其重要。

5.1.1 甘蔗氮肥适用量

1. 甘蔗土壤碱解氮分级指标

土壤碱解氮又称土壤有效性氮，包含铵态氮、硝态氮和易水解的有机态氮(如酰胺、氨基酸和氨基糖氮等)，是植物吸收氮素的主要来源。其含量高低表征了土壤的直接供氮能力，其中硝态氮能被植物直接吸收和利用。土壤碱解氮的高低可在一定程度上反映蔗田土壤的氮素肥力水平。

在广东粤西蔗区布置多年、多点氮肥施用田间试验，通过对 50 多个试验点缺氮处理的相对产量与土壤碱解氮含量作散点图，得到其拟合方程为 $y=0.257\ 2\ \ln(x)-0.453\ 7(R^2=0.734\ 8^{***})$，达极显著水平(图 5-1)，分别将相对产量 75%、85%、90% 和 95% 代入拟合方程，求得对应土壤碱解氮含量分别为 107.8 mg/kg、130.9 mg/kg、193.1 mg/kg 和 234.5 mg/kg，此即为土壤碱解氮的分级指标。

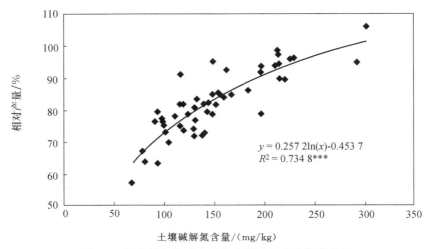

图 5-1　甘蔗缺氮相对产量与土壤碱解氮含量的关系

因此,将粤西土壤碱解氮分为 5 个等级,即甘蔗相对产量<75%,土壤碱解氮<107.8 mg/kg 为低等级;甘蔗相对产量为 75%~85%,土壤碱解氮 107.8~130.9 mg/kg 为较低等级;甘蔗相对产量为 85%~90%,土壤碱解氮 130.9~193.1 mg/kg 为中等等级;甘蔗相对产量为 90%~95%,土壤碱解氮 193.1~234.5 mg/kg 为较高等级;甘蔗相对产量>95%,土壤碱解氮>234.5 mg/kg 为高等级。考虑到操作的适用性,将土壤碱解氮分级指标值进行简化,简化后的分级为:土壤碱解氮含量<110 mg/kg 为低等级;110~130 mg/kg 为较低等级;130~190 mg/kg 为中等等级;190~230 mg/kg 为较高等级;>230 mg/kg 为高等级。

2. 甘蔗氮肥推荐施用量

在粤西蔗区设置不同的氮肥施用量梯度多点试验,将土壤碱解氮含量与甘蔗最佳氮肥施用量作散点图,根据散点图趋势和方程拟合决定系数,选择适合的拟合方程为 $y = -347.3\ln(x) + 2029$ ($R^2 = 0.4875^{***}$)(图 5-2),土壤碱解氮含量与最佳施氮量之间达极显著水平。因此,当计

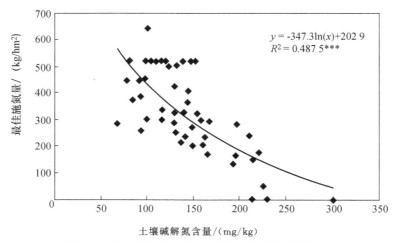

图 5-2　甘蔗最佳施氮量与土壤碱解氮含量的关系

算的土壤碱解氮含量为 110 mg/kg、130 mg/kg、190 mg/kg 和 230 mg/kg 时,最佳施氮量分别为 251 kg/hm²、237 kg/hm²、199.4 kg/hm² 和 177.7 kg/hm²。在各试验点中,最高施氮量为 0～518 kg/hm²,平均为 390.6 kg/hm²,因此,取 390.6 kg/hm² 为低等级土壤氮的推荐施肥上限。考虑到操作的实用性和方便性,将各等级的推荐施氮量阈值进行适当调整,因此,本蔗区各等级土壤推荐施肥量为土壤碱解氮等级为低,推荐施氮量为 250～390 kg/hm²;土壤碱解氮等级为较低,推荐施氮量为 240～250 kg/hm²;土壤碱解氮等级为中等,推荐施氮量为 200～240 kg/hm²;土壤碱解氮等级为较高,推荐施氮量为 180～200 kg/hm²;土壤碱解氮等级为高,推荐施氮量为 0～180 kg/hm²。土壤碱解氮丰缺指标及推荐施氮量参见表 5-1。

表 5-1　土壤碱解氮丰缺指标及推荐施氮量

肥力等级	相对产量/%	土壤碱解氮/(mg/kg)	氮肥用量/(kg/hm²)
低	<75	<110	250～390
较低	75～85	110～130	240～250
中等	85～90	130～190	200～240
较高	90～95	190～230	180～200
高	>95	>230	0～180

周一帆等(2021)通过 Data Mining 分析也发现,广西、云南、广东三大蔗区的氮肥施用量与甘蔗产量的关系呈"线性＋平台"的趋势,即施用量小于某个临界值,则保持稳定趋势,这个临界值对应的施肥量和产量可以作为推荐施肥量及对应的可实现产量。通过"线性＋平台"模型,拟合得出广西、云南和广东的氮肥推荐施用量分别为 270 kg/hm²、228 kg/hm² 及 240 kg/hm²。

5.1.2　氮素对甘蔗品质的影响

氮素是植物体内蛋白质、核酸、叶绿素和许多酶的重要组成部分,对甘蔗植株的正常生长及生命活动起着重要作用。氮素通过甘蔗的光合作用等生理生化过程,甘蔗糖分的积累会受到影响。

甘蔗不同生育阶段以及不同器官的含氮量(干重基础)约为 1%。当氮素供应不足时,甘蔗叶绿素减少,叶片变黄色,叶硬而直,分蘖减少,老叶提早先端或边缘变浅棕色或枯秆色,主茎生长受抑制,很多顶部叶片同样由同一点发出,茎变小,根细长,提早成熟开花,产量下降。在过量施氮的情况下,甘蔗无效分蘖多,成茎率低,纤维少,病虫害多,易风折倒伏,叶浓绿柔嫩,叶面积指数较大,叶透光度差,糖分较低而迟熟,叶可溶性氮和还原糖相对较多,茎皮脆弱。

研究表明,在氮、磷、钾配合施用的情况下,适量增加氮肥的供应可以促进甘蔗叶部的光合作用和蔗茎的伸长和增粗,提升 SPS 活性,从而提升糖分积累和蔗汁品质;若过多单施或者过迟施用氮肥,则过高的氮含量会抑制 SPS 活性,降低蔗汁品质,减少蔗糖积累。氮肥施用量对甘蔗品质产生负效应的临界值在不同地区存在一定差异,同一地区的不同品种表现也不同。

2015—2018 年广西大学的 1 年新植 3 年宿根定位试验研究结果显示,在施氮量为 0～300 kg/hm² 时,随着施氮量的增加甘蔗出汁率和蔗汁重力纯度有所提高,而蔗汁锤度、蔗糖分有所下降;当施氮量为 150 kg/hm² 时,产糖量最高;当产糖量最高时,施氮量为 300 kg/hm²(表 5-2)。印度的研究结果同样显示,在施氮量为 0～175 kg/hm² 时,产糖量随着施氮量的增加表现出先增加后下降的趋势,且当施氮量为 150 kg/hm² 时,产糖量达到最大值。因此,合理施用氮肥是甘蔗提质增效的重要因素。

表 5-2　氮施用量对甘蔗品质指标的影响(4 年平均值)

氮施用量 /(kg/hm²)	出汁率 /%	重力纯度 /%	蔗汁锤度 /%	蔗糖分 /%	产糖量 /(t/hm²)
0	65.1 b	92.52 a	20.08 a	14.99 a	23.5 b
150	67.2 a	92.76 a	20.10 a	15.26 a	35.7 a
300	67.4 a	92.81 a	19.65 b	15.00 a	35.3 a

注:数字后不同字母表示同列数据差异显著,$P < 0.05$。

5.1.3　氮肥高效利用技术

由于甘蔗种植生态区域的地力条件差异大,故影响氮肥利用率的因素较为复杂,主要有 5 个方面:一是氮肥施用方法不当造成氮素挥发、淋失或在水田嫌气条件下转化为气态损失;二是土壤保水保肥能力较弱,养分含量较低,缺乏可供甘蔗吸收和利用的有效性磷、钾或其他营养元素;三是施用量和施用期不适宜等;四是有机肥少施或不施,据杨艳芳等(2009)对广西宜州市甘蔗低产原因的调查,在被调查的蔗农中,95%的蔗农不施有机肥,而有机肥对氮素吸收利用具有促进作用;五是不同品种对甘蔗氮素的吸收存在差异。提高甘蔗氮肥的利用效率可从以下几个方面着手。

1. 合理的氮肥施用量、施用时期及施用次数

氮肥施入土壤后的转化比较复杂,涉及化学、生物化学等许多过程。不同形态氮素的相互转化使肥料氮在土壤中较易挥发、逸散、流失。其不仅造成经济上的损失,而且还可能污染大气和水体,因此,适宜的氮肥投入量对甘蔗可持续生产非常重要。生产、科研实践证明,随着氮肥施用量的增加,氮肥的利用率和增产效果会逐渐下降。

(1)施用量　最佳施肥量不仅要求获得较高的单位面积增产量,而且还要求每一单位的肥料投资具有尽可能高的经济效益(即较高的产投比)。因此,单位面积产量最高的施肥量往往不是最佳的施肥量。综合历年有关氮肥在甘蔗上的用量研究结果可知,甘蔗的推荐用量为 200~270 kg/hm²。在产量较高的蔗区,用量可适当增加一些。

(2)施用时期　不同施氮时期对氮素的利用率也有影响。攻茎肥的氮素利用率最高,为 35.71%;攻苗肥的利用率为 23.60%;基肥的氮素利用率最低,为 11.64%,说明前期施肥利用率较低,而后期施肥利用率较高。因此,氮肥应在甘蔗的苗期、分蘖期及伸长拔节前期施用(华南蔗区 7 月底前)。云南省的个别地方可适当推迟,但安排当年收获的甘蔗一般不提倡施壮尾肥,尤其是到了 8 月后就不应再施氮肥。繁种田则可在培土后适量施用氮肥。

(3)施用次数　在施足基肥(少量氮肥、全部磷肥及部分钾肥)情况下,尿素分 2 次(分蘖盛期及拔节初期)施用即可。而在砂性较重、保肥力较差的蔗区,当劳力较充足时,可适当增加施用次数。

2. 合理的氮肥施用位置

韦剑锋等(2011)在研究施肥对土壤氮素的影响时发现,同一土层碱解氮含量随氮肥施用量的增加而递增,除 20~30 cm 土层外,其他土层处理的差异均达显著水平;同一处理不同土层硝态氮含量均表现为 0～10 cm＞10～20 cm＞30～40 cm＞20～30 cm,且差异较为明显,说明土壤供氮能力随氮肥施用量的增加而递增,土壤有效氮的积累随土层深度的增加而减少。增施氮肥可提高蔗地的供氮能力,施入土壤的肥料氮素在表层土壤积累相对较多,在深层土壤积累较少。而甘蔗氮素的吸收主要靠根系,甘蔗根系主要吸收了 20～40 cm 土层的有效氮。在不同栽培条件下,甘蔗根系分布有较大差异,如地下滴灌栽培甘蔗根系主要分布在 0～30 cm 土层,深耕深松栽培甘蔗根系主要分布在 30 cm 及以下土层,而常规耕作栽培甘蔗根系主要分布在 30 cm 及以上土层。因此,肥料氮素在表层土壤积累较多不一定有利于甘蔗根系的吸收,应减少肥料氮素在土壤的迁移距离、时间及迁移过程的损失。在施用氮肥时,应结合当地栽培条件的甘蔗根系的分布规律来拟定氮肥施用的土层深度。

3. 选择合适的氮肥品种

甘蔗是喜铵作物。在铵、硝营养同时供应的情况下,甘蔗更倾向于吸收铵态氮,甘蔗的氮肥施用应优先选择铵态氮肥。施入土壤后的氮肥容易因挥发、逸散、流失而损失,因此,可以从长效氮肥品种上考虑,以阻控氮肥的损失。

(1)添加硝化抑制剂   硝化抑制剂是指一类能够抑制铵态氮转化为硝态氮(NCT)的生物转化过程的化学物质。主流工业化的硝化抑制剂主要有 3 种:2-氯-6-(三氯甲基)吡啶(又称氮吡啶),代号 CP;双氰胺,代号 DCD;3,4-二甲基吡唑磷酸盐,代号 DMPP。硝化抑制剂通过减少硝态氮在土壤中的生成和累积,减少氮肥以硝态氮形式的损失及对生态环境的影响。铵态氮可被土壤胶体吸附而不易流失,但是在土壤透气条件下,铵态氮在微生物作用下可转化为硝态氮,该过程称为硝化。而硝化抑制剂能够选择性地抑制土壤中硝化细菌的活动,从而阻缓土壤中铵态氮转化为硝态氮的反应速度。合理地使用硝化抑制剂以控制硝化反应速度,减少氮素的损失,提高氮肥利用率。通常硝化抑制剂要与氮肥混匀后再施用。我国甘蔗种植区域主要分布于华南、西南地区。这些地区降水量大,容易造成土壤养分的淋洗。选用添加硝化抑制剂的氮肥可减少硝酸盐淋洗,提高氮肥利用率。

(2)添加脲酶抑制剂   脲酶是土壤中水解尿素的一种酶。当尿素被施入土壤后,脲酶将其水解为铵态氮才能被作物吸收。脲酶抑制剂可以抑制尿素的水解速度,从而减少铵态氮的挥发和硝化。我国甘蔗种植氮肥施用以尿素为主,而施用尿素带来的氨的挥发也较大,添加脲酶抑制剂可减少氮素损失,提高氮肥利用率。

(3)包膜控缓释肥   包膜控缓释肥是指将水溶性肥料颗粒表面包被一层半透性或难溶性膜,是具有缓慢释放养分特性的一类肥料。用作包膜材料的种类很多,主要有硫黄、高分子聚合物、树脂、石蜡等。这些成膜物质包裹在水溶性颗粒肥料的表面,以避免肥料与土壤和作物根系直接接触,当水分进入薄膜内后,养分溶解,渗透压升高,促使养分透过薄膜向土壤溶液扩散,或通过薄膜小孔向外缓慢释放,不断被作物吸收和利用,从而减少可溶性养分的淋失、氨的挥发损失和磷的固定等,以利于提高肥料利用率。包膜肥料施入土壤后的释放速率既取决于包膜材料的种类和厚度,还取决于土壤温度、水分及土壤微生物活性等。包膜肥料主要用作基肥,对生长期长的作物,如甘蔗,施足基肥可减少中后期的追肥次数。适当应用包膜控缓释肥可缓解农业劳动力短缺,并减少氮素损失。

4. 选育氮素高效品种

研究人员在相关研究中发现,不同植物对养分的吸收、利用和运输会受到环境条件和遗传条件的共同影响和控制;不同植物遗传基因型的作物品种的肥料的利用效率各不相同。高效率品种的肥料利用率为低效率品种利用率的 3 倍以上。因此,通过育种和遗传的手段对植物的品种进行改良,作物对养分的利用效率会得到有效提升。研究表明,甘蔗具有较强的固氮能力。巴西许多地区的甘蔗栽培已有几十年,甚至几百年的历史。尽管其氮素供应明显不足,但甘蔗的产量和土壤中的氮素储备并没有随时间的推移而下降,这得益于生物联合固氮的作用。据有些研究认为,在甘蔗所吸收的氮素中,80%的氮素可能来自生物固氮,只有少数氮素来自施用到土壤中的化合态氮。选育一些高效氮营养或具有高固氮能力的甘蔗品种对于提高甘蔗氮肥利用率具有积极意义。

5.1.4 甘蔗上主要氮肥产品的农学特性及管理技术

1. 酰胺态氮肥

氮肥中以酰胺基(—$CONH_2$)形式存在的氮素,称为酰胺态氮肥。尿素就是酰胺态氮肥,也是甘蔗施用最普遍的氮肥品种,占甘蔗施氮总量的 70%～90%。尿素的外观为白色晶体或粉末,是动物蛋白质代谢后的产物,通常用作大田作物的氮肥,分子式为 $CO(NH_2)_2$。因为在人、畜和其他哺乳动物的尿中含有这种物质成分,所以取名尿素。尿素含氮为 46%,是固体氮肥中含氮量最高的。尿素是生理中性肥料,在土壤中不残留任何有害物质,长期施用没有不良影响。在尿素的造粒中,温度过高会产生少量缩二脲,又称双缩脲,此物质对作物生长有抑制作用。我国规定,肥料用尿素中的缩二脲含量应小于 0.5%。当缩二脲含量超过 1%时,其不能作种肥、苗肥和叶面肥。尿素有吸湿性,易溶于水。其所含的氮是以酰胺态形式存在,需经脲酶作用水解为铵态氮后,才能为作物所吸收,故其肥效比铵态氮和硝态氮稍慢。尿素被土壤吸收的能力较弱,易随水流失,故施用时一定要覆土,否则会降低肥效。在尿素施入土壤后,由于脲酶的促进作用,很快被水解为挥发性很强的碳酸铵,继而分解为氨和二氧化碳,故很容易脱氮而降低肥效。尿素氮的利用率一般不超过 50%。其原因是由挥发、淋溶、反硝化和有机质的固定等所造成的损失,其中以挥发损失最大,损失率一般为 15%～20%,高的损失率达到 70%。

2. 铵态氮肥

铵态氮主要是指液态氨、氨水以及氨与酸作用生成的铵盐,如硫酸铵、氯化铵、碳酸氢铵等。

(1)碳酸氢铵　碳酸氢铵简称碳铵,又称重碳酸铵,由氨水吸收二氧化碳制成,为白色细粒结晶,含氮 17%左右,有强烈氨臭味。其水溶液呈碱性,pH 约为 8(只要不是太稀,浓度对 pH 的影响不大)。在温度为 20 ℃左右时,碳酸氢铵基本上是稳定的,但温度升高、湿度大,容易分解。碳铵在甘蔗中使用也较普遍,效果好,但肥效相对较短。

(2)硫酸铵　硫酸铵简称硫铵,是由氨与硫酸反应制得,为白色结晶,含氮 20%～21%。水解后的硫酸铵溶液呈酸性,所以硫酸铵属于酸性氮肥。如果长期施用硫酸铵,土壤里就会形成较多的硫酸钙,这些硫酸钙会破坏土壤结构,发生板结。

(3)氯化铵　氯化铵简称氯铵,为白色晶体,含氮 24%～25%。氯铵也容易水解,水解后的溶液呈酸性,故也是酸性氮肥。虽然长期使用氯化铵会产生氯离子积累,影响"忌氯"农作物的产量和品质,但我国蔗区的降水量较多,故施用氯铵对甘蔗的产量和品质并没有明显的不良影响。

我国甘蔗主要分布于南方的酸性土壤地区。在酸性土壤,尤其是 pH<5 的土壤中,土壤硝化作用较弱,铵态氮利用率较高,因此,铵态氮是这类土壤的优势氮源。此外,甘蔗是喜铵作

物,故施用铵态氮更有利于甘蔗的生长。在甘蔗的氮肥管理中,铵态氮肥被作为甘蔗氮素的主要来源。

3. 硝态氮肥

硝态氮肥是指氮素以硝酸盐形态存在的氮肥,如硝酸钠、硝酸钙等。硝态氮肥的特点是临界吸湿点相对湿度低,易吸湿结块;易溶于水,易被作物吸收;NO_3^- 不被土壤胶体吸附,流动性大,有利于分布至深层土壤,也易随水淋溶或径流损失;在水田还原性环境中,易发生反硝化作用而生成分子态氮(N_2)或氮的氧化物而损失;作物选择吸收 NO_3^- 常多于阳离子,因而属于生理碱性肥料。甘蔗施用的硝态氮肥主要以复合肥的形式存在。在冬季低温季节,可适当施用少量硝态氮,其他时间不建议施用。不同氮肥产品的氮含量及适宜性参见表 5-3。

表 5-3　不同氮肥产品的氮含量及适宜性

氮肥产品	氮含量 /%	氮形态	适宜性
尿素[$CO(NH_2)_2$]	46	酰胺态氮	适宜基肥和追肥,适宜甘蔗上施用,使用普遍
液氨(NH_3)	82	铵态氮	甘蔗上很少施用
碳铵(NH_4HCO_3)	17	铵态氮	适宜基肥和追肥,适宜在甘蔗上施用
硫铵[$(NH_4)_2SO_4$]	21	铵态氮	适宜基肥和追肥,适宜在甘蔗上施用
氯铵(NH_4Cl)	24～25	铵态氮	适宜基肥和追肥,适宜在甘蔗上施用
硝酸铵(NH_4NO_3)	33～35	硝态氮	甘蔗上很少施用
硝酸铵钙[$5Ca(NO_3)_2 \cdot NH_4NO_3 \cdot 10H_2O$]	20～25	铵态氮、硝态氮	甘蔗上很少施用
尿素硝铵溶液	28～32	酰胺态氮、铵态氮、硝态氮	适宜追肥,适宜甘蔗水肥一体化施用

5.2　甘蔗的磷素营养与管理策略

磷是植物体中许多重要化合物的组分,以多种途径参与植物的代谢,并能增强植物的抗逆能力,在植物生长发育过程中发挥着重要的作用。土壤是植物生长发育过程中磷素的主要提供者,土壤中磷的状况直接影响植物的生长。依据对植物的有效性,土壤中的磷可分为有效磷和难溶性磷。我国土壤全磷含量较高,多数以难溶性磷的形式存在,难以被植物吸收和利用。为了保障作物的产量和品质,通过大量施用磷肥来提高土壤的供磷水平。磷肥的大量投入一方面造成磷矿资源的日益紧缺;另一方面造成磷在土壤中的累积,成为水体富营养化的重要污染源。因此,合理施用磷肥,提高甘蔗对磷素的利用效率对我国甘蔗生产的可持续发展具有重要意义。

5.2.1　甘蔗磷肥适用量

1. 甘蔗土壤有效磷分级指标

土壤磷库中对作物最有效的部分,称为土壤有效磷(或速效磷)。这部分磷能够被植物吸收和利用,在生产实践中被用来作为土壤磷素丰缺的标准。土壤有效磷的概念包括数量和供应强度两个方面。一般来讲,土壤中的有效磷含量是指用特定的某种方法测定的土壤磷量。它只是一个数量上的指标,而不是确定形态的磷。

在广东粤西蔗区布置多年、多点磷肥施用田间试验中,通过对缺磷处理的相对产量与土壤有效磷含量作散点图,得出其拟合方程为 $y=0.082\,8\ln(x)+0.612\,6(R^2=0.498\,4^{***})$(图 5-3),土壤有效磷含量与甘蔗缺磷区的相对产量达极显著水平。分别将相对产量 75%、85%、90% 和 95% 代入拟合方程,得出其对应的土壤有效磷含量分别为 5.3 mg/kg、17.6 mg/kg、32.2 mg/kg 和 58.9 mg/kg,此即为土壤有效磷的分级指标。

因此,可将土壤有效磷分为 5 个等级,即甘蔗相对产量 <75%,土壤有效磷含量 <5.3 mg/kg 为低等级;甘蔗相对产量 75%~85%,土壤有效磷含量 5.3~17.6 mg/kg 为较低等级;甘蔗相对产量 85%~90%,土壤有效磷含量 17.6~32.2 mg/kg 为中等等级;甘蔗相对产量 90%~95%,土壤有效磷含量 32.2~58.9 mg/kg 为较高等级;甘蔗相对产量 >95%,土壤有效磷含量 >58.9 mg/kg 为高等级。考虑到操作的适用性,将土壤有效磷含量分级指标值进行简化,简化后的分级为土壤有效磷含量 <5 mg/kg 为低等级;土壤有效磷含量 5~20 mg/kg 为较低等级;土壤有效磷含量 20~30 mg/kg 为中等等级;土壤有效磷含量 30~60 mg/kg 为较高等级;土壤有效磷含量 >60 mg/kg 为高等级。

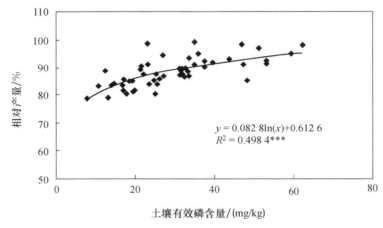

图 5-3 甘蔗缺磷相对产量与土壤有效磷含量的关系

2. 甘蔗磷肥推荐施用量

将粤西蔗区试验区土壤有效磷含量与甘蔗最佳磷肥施用量作散点图,根据散点图趋势和方程拟合,确定系数,选择适合的拟合方程为 $y=-117.7\ln(x)+581.13(R^2=0.224\,7^{***})$(图 5-4),土壤有效磷含量与最佳施磷量之间达极显著水平。当计算的土壤有效磷含量为 5 mg/kg、20 mg/kg、30 mg/kg 和 60 mg/kg 时,最佳施磷量分别为 133.6 kg/hm²、117.6 kg/hm²、108.0 kg/hm² 和 83.7 kg/hm²。在各试验点中,最高施磷量为 0~360 kg/hm²,平均为 277 kg/hm²,取 277 kg/hm² 为低等级土壤的磷的推荐施肥上限。考虑到操作的实用性及方便性,将各等级的推荐施磷量阈值进行适当调整,因此,本蔗区各等级土壤推荐施磷量:土壤有效磷等级为低,推荐施磷量为 130~280 kg/hm²;土壤有效磷等级为较低,推荐施磷量为 120~130 kg/hm²;土壤有效磷等级为中等,推荐施磷量为 110~120 kg/hm²;土壤有效磷等级为较高,推荐施磷量为 80~110 kg/hm²;

土壤有效磷等级为高,推荐施磷量为 0~80 kg/hm²。土壤有效磷丰缺指标及推荐施磷量参见表 5-4。

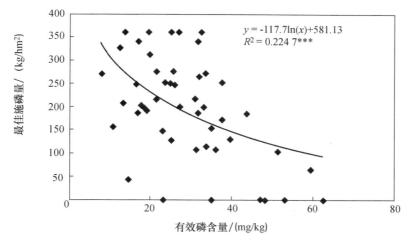

$$y = -117.7\ln(x) + 581.13$$
$$R^2 = 0.224\ 7^{***}$$

图 5-4　甘蔗最佳施磷量与土壤有效磷含量的关系

表 5-4　土壤有效磷丰缺指标及推荐施磷量

肥力等级	相对产量/%	土壤有效磷含量/(mg/kg)	磷肥用量/(kg/hm²)
低	<75	<5	130~280
较低	75~85	5~20	120~130
中等	85~90	20~30	110~120
较高	90~95	30~60	80~110
高	>95	>60	0~80

在土壤磷管理上,确定肥料推荐用量的方法主要有"养分平衡法""肥料效应函数法"和"土壤养分丰缺指标法"以及中国农业大学养分资源管理课题组提出的磷衡量监控技术理论。通过粤西蔗区多年、多点"3414"结果所建立的土壤磷养分丰缺指标及推荐施肥量表明,在相对产量为 75%~95% 时,具有广泛代表的粤西土壤养分水平的蔗田 P_2O_5 施用水平为 80~130 kg/hm²,与当地的 P_2O_5 习惯施用量为 180~240 kg/hm² 相比,其降幅较大。

5.2.2　磷素对甘蔗品质的影响

磷是植物生长发育必需的大量营养元素之一,也是甘蔗生长的"三要素"之一。磷是一系列重要化合物,如核苷酸、核酸、核蛋白、磷脂、ATP 酶等的组分,在甘蔗体内可以提高碳水化合物的合成和运输,促进氮循环和脂肪合成。此外,磷素还具有促进甘蔗根系的发育、幼苗生长和增加分蘖等作用,可以增强蔗株抗旱、抗寒能力以及增加甘蔗品质。当磷素供应不足时,蔗株生长缓慢,成熟推迟,分蘖减少,甘蔗生长受较大影响。施磷过量又往往导致甘蔗根系过分发育,地上、地下部比例失调。

在粤西地区,研究者采用"3414"试验设计对甘蔗进行不同的施肥试验,研究了不同养分对甘蔗品质指标和产量的影响。试验持续时间为 3 年(2013—2016 年),第 3 年的测定结果表明,磷素对甘蔗出汁率、重力纯度、蔗汁锤度以及蔗糖分等均产生显著影响。在施磷情况下,甘蔗出汁率、重力纯度、蔗汁锤度以及蔗糖分等均显著高于不施磷处理。随着磷素用量的增加，甘蔗出汁率、重力纯度、蔗汁锤度以及蔗糖分等均呈先增加后降低的趋势。总体来看，当施磷（P_2O_5）量为 288 kg/hm² 时，各项甘蔗品质指标和产量达到最高值（表 5-5）。

表 5-5　磷施用量对甘蔗品质指标的影响

磷施用量 P_2O_5 /（kg/hm²）	出汁率 /%	重力纯度 /%	蔗汁锤度 /%	蔗糖分 /%	产量 /（t/hm²）
0	13.3 c	66.5 c	18.3 c	11.1 c	67.6 c
144	14.9 b	73.4 b	20.8 b	12.6 b	79.2 b
288	17.6 a	88.0 a	24.6 a	15.1 a	99.5 a
432	15.5 b	77.7 b	21.8 ab	13.2 b	81.8 b

注：数字后不同字母表示同列数据差异显著，$P<0.05$。

5.2.3　磷肥高效利用技术

甘蔗生长周期长，养分需求量大。为了满足生长磷素的需求，甘蔗在生产中往往持续大量施用磷肥。由于农户对适宜甘蔗生长的土壤磷素水平不甚清楚，故肥料配比、施用时间与甘蔗养分需求规律的匹配度不高，在选用磷肥品种时未考虑土壤性质，从而导致磷肥产投比和磷肥利用效率较低。此外，磷高效的作物品种可以减少磷肥的施用，是解决"磷危机"的有效途径。确定蔗区土壤磷素的适宜水平可根据甘蔗生长养分需求规律来调整施肥策略，并参考土壤性质来确定适宜的磷肥品种，同时选育磷素高效品种，对于磷素的高效利用具有重要的现实意义。

1. 基于甘蔗有效磷农学阈值的磷肥用量推荐

施用磷肥是提高土壤有效磷含量的重要措施。当土壤有效磷含量处于较低水平时，作物产量随着施磷量的增加而显著提高，磷肥的当季利用率较高；当土壤有效磷含量超过某个临界点时，继续施用磷肥对作物产量提高的作用不明显，这个临界点被称为土壤有效磷的农学阈值。当土壤有效磷含量过高时，作物产量较高。磷肥当季利用率很低，且施用磷肥会造成大量磷素累积在土壤中。一般认为，将土壤有效磷水平维持在农学阈值就可以保证较高的产量和磷肥利用率，农民就能获得最佳收益。因此，针对特定的土壤类型，确定作物的有效磷农学阈值对于调控土壤磷素养分以及确定适宜磷肥用量十分必要。

敖俊华（2019）通过分析广东湛江蔗区 35 个田间试验点中的 4 个不同施磷处理的甘蔗产量和土壤有效磷含量的变化规律，利用双直线模型模拟二者的响应关系，得到甘蔗的有效磷（Bray 1 法）农学阈值为 28 mg/kg。McCray 等（2012）对美国佛罗里达高有机质土壤的研究认为，甘蔗的有效磷（Mehlich 3 法）农学阈值为 30 g/m³，按照有机质较高土壤容重 1.2 g/cm³ 换算，相当于 25 mg/kg，与敖俊华研究的结果十分接近。一般认为，Bray 1 和 Mehlich 3 都为含 F 提取剂，与从土壤中提取磷的主要原理相同，因而二者都有很好的替代性。因此，我们将 28 mg/kg 确定为甘蔗有效磷（Bray 1 法）农学阈值，用以进一步指导我国蔗区磷肥的施用。

为了追求高收入，农户过量施肥、偏施化肥导致多年连作甘蔗土壤的有效磷含量普遍很高，甚至达到 228 mg/kg，远高于有效磷的农学阈值。另外，当土壤有效磷含量（Olsen-P）超过 40 mg/kg 时，绝大多数土壤面临磷素流失风险。强酸性蔗区土壤多采用 Bray 1 法测定有效磷。当土壤有效磷含量超过 50 mg/kg 时,该地区继续大量施用磷肥对于甘蔗增产效果微小,还可能造成土壤磷素的流失。根据甘蔗的有效磷农学阈值和土壤磷素恒量监控原理,表 5-6 为磷肥推荐施用量:当蔗区土壤有效磷含量分别在＜10 mg/kg,10～28 mg/kg,29～50 mg/kg 和＞50 mg/kg 时,磷肥推荐施用量分别为 2 倍于甘蔗磷素携出量、1.3～1.7 倍于甘蔗磷素携出量、等于甘蔗磷素携出量和 0。此外,每隔 3～5 年应重新测定土壤有效磷含量,调整磷肥施用量,以适应甘蔗的生长需求。

表 5-6　根据有效磷农学阈值推荐的磷肥用量

有效磷（Bray 1 法）/(mg/kg)	等级	分类依据	磷肥推荐量/(kg/hm²)
＜10	较低	远低于磷素农学阈值	2 倍于甘蔗磷素携出量
10～28	低	略低于磷素农学阈值	1.3～1.7 倍于甘蔗磷素携出量
29～50	中	处于磷素农学阈值与环境阈值之间	等于甘蔗磷素携出量
＞50	较高	高于磷素环境阈值	0

2. 基于磷素高利用率的磷肥推荐

在制订磷肥施用推荐方案时,除了考虑甘蔗高产和土壤磷素肥力外,还需要考虑肥料的高效利用。通过对不同氮、磷施肥量的研究表明,甘蔗的氮肥利用率平均为 19.1%～26.3%,而磷肥利用率仅为 12.0%～15.3%。我国甘蔗肥料利用率低下的主要原因是施磷量过大,氮磷钾肥配比失衡;化肥施用时间及分配比例不合理;偏施化肥,有机肥用量较低;磷肥品种与土壤类型不匹配。提高磷肥利用效率可以从以下方面调整。

①适宜的磷肥用量和氮、磷、钾比例。研究发现,不同地区甘蔗适宜的氮、磷、钾配比不同:广州的比例为 1:(0.3～0.4):(0.8～0.9),仙游的比例为 1:0.7:0.5,温州的比例为 1:0.4:0.6。在生产中,需要根据甘蔗的目标产量和肥料效率来确定合理的磷肥用量。在不同的土壤类型上进行氮、磷、钾肥料的配比试验研究,参照肥料效率找出适宜的氮、磷、钾施用比例,可以克服施肥的盲目性,提高甘蔗的产量和品质。

②合理的化肥施用时间及分配比例。

③重视有机肥投入。我国蔗区主要土壤类型为砖红壤和赤红壤。由于其淋溶强烈,故土壤普遍酸性较强,有机质含量偏低,有效磷和有效钾的含量缺乏,所以在生产中肥料应加大投入。每生产 1 kg 甘蔗,就需要吸收 N、P_2O_5、K_2O,需求量分别为 1.5～2.0 g、0.4～0.5 g 和 2.0～2.5 g。由于甘蔗种植收益可观,蔗农投入积极性高,尤其在肥料方面,除施用大量国产复合肥以及单质氮、磷、钾肥外,还常选用进口复合肥。然而,价格较高的进口复合肥增加了农业投入成本。何毅波等(2018)对比了几种复合肥料在甘蔗上的施用效果发现,在有效成分相同的肥料中,进口复合肥单位面积产量略优于国产复合肥,但在纯收入方面,国产肥料处理略好于进口肥料处理。对广东省甘蔗施肥状况的调查显示,复合肥施用比例为 100%,有机肥的施用比例达 95.5%,而单质氮、磷、钾肥的比例均低于 10%。由此可见,在当前甘蔗种植中,农户普遍重视复合肥和有机肥的施用,但是有机肥施用量很低,有机肥中的 N、P_2O_5、K_2O 仅占总养分含量的 7%、3%、3%,其余均由无机化肥提供。当前偏施化肥,有机肥施用量极低的现象十分普遍。这种现象容易造成养分不均衡,尤其是微量元素的不平衡,进而对甘蔗品质造成影响。

④适宜的磷肥品种。在甘蔗肥料投入中,磷肥以复合肥、过磷酸钙、钙镁磷肥为主。甘蔗地 pH 较低,酸化明显,采用碱性肥料可以调节土壤 pH,改善土壤质量,促进作物产量、品质提高。因此,南方酸性土壤推荐采用磷酸二铵、过磷酸钙、钙镁磷肥等磷肥品种。此外,一些新型肥料的施用在甘蔗上也取得了良好效果。娄赟(2016)的研究表明,在甘蔗栽培过程中,合理施用缓/控释配方肥料能促进甘蔗增产和增收,同时提高肥料利用率。缓/控释配方肥料可以取代进口复合肥为甘蔗生长提供养分,以实现轻简施肥。此外,陈小娟等(2019)研究了聚磷酸铵在砖红壤上作种肥的效果,表明其聚合度组成会显著影响肥效,同时施磷酸一铵能显著促进中高聚合度的聚磷酸铵的肥效。作为一种长效缓释型肥料,聚磷酸铵可能很适合生长周期较长的甘蔗。其施用方式和效果有待进一步研究。

3. 选育磷素高效品种

磷对植物的生长发育具有不可替代的作用。长期施用磷肥会导致土壤的全磷含量普遍较高。由于磷在土壤中易被固定,能被吸收利用的有效磷含量低,磷肥的利用率仅为 5%～20%。因此,筛选具有磷高效的作物品种,发掘植物对土壤中潜在磷库的利用能力可以减少磷肥的施用,这是解决“磷危机”的有效途径。不同植物对磷的吸收和利用能力存在较大差异,不同基因型作物抵御低磷胁迫的调控机制也各不相同。研究发现,有些植物对低磷的适应能力强,在低磷条件下仍能正常生长,而有些植物的生长发育则会受到严重的影响。在磷的吸收和利用效率上,不仅不同作物之间存在差异,而且同种作物的不同基因型之间也存在差异。郭家文等(2012)以 35 份甘蔗作为材料进行研究发现,甘蔗对磷的吸收能力因基因型的不同而存在差异。赵丽萍等(2016)对甘蔗 3 个品种的根系形态及磷效率进行研究,其结果发现,ROC10 在低磷胁迫下的根系生长优于高磷处理,并且植物生长良好,说明 ROC10 是耐低磷的品种。国内外众多研究均表明,不同品种或相同品种的不同基因型作物在生物产量、根系发育、地上部磷的累积量和磷的利用效率之间存在明显差异。对植物低磷胁迫下基因型差异的研究有利于筛选磷高效植物,提高磷的利用效率,减少磷肥的施用量,构建环境友好型社会。

5.2.4　甘蔗上主要磷肥产品的农学特性及管理技术

1. 过磷酸钙

过磷酸钙(简称普钙)是由硫酸处理磷矿粉制成。过磷酸钙中的五氧化二磷的质量分数为 12%～20%。其主要成分是水溶性磷酸一钙和难溶于水的磷酸钙。过磷酸钙适用于各类土壤及作物,可作基肥、种肥、追肥,无论是在何种土壤上均易发挥磷的固定作用。因此,施用过磷酸钙的原则是尽量减少其与土壤的接触面积,以防土壤对磷的吸附固定增强;增加过磷酸钙与作物根系的接触机会,以提高其利用率。在施用过磷酸钙时,可以采取的措施:集中使用、分层使用、与有机肥料混合施用、制成粒状磷肥和根外追肥。

2. 重过磷酸钙

重过磷酸钙(简称双料或三料过磷酸钙)的主要成分是磷酸一钙(不含石膏),是由硫酸处理磷矿粉制得磷酸,再与磷酸和磷矿粉作用后制成的。重过磷酸钙是一种高浓度的磷肥。其有效五氧化二磷的质量分数为 40%～50%,含磷量是普通过磷酸钙的 2～3 倍。由于不含硫酸铁、铝盐,故其吸湿之后不会发生磷酸的退化作用。重过磷酸钙的施用方法与过磷酸钙相同,但其有效磷的质量分数高,肥料用量应比过磷酸钙减少。同时,因为重过磷酸钙不含石膏,故对喜硫作物(如豆科作物、十字花科作物和薯类作物)的肥效不如同等量的过磷酸钙。

3. 钙镁磷肥

钙镁磷肥是用磷矿石和适量的含镁硅矿石(如蛇纹石、橄榄石、白云石和硅石等)在高温下熔融,经冷却后,形成玻璃状碎粒,再磨成细粉状而制成。在土壤转换中,钙镁磷肥所含的磷酸盐必须经过溶解后才能被作物吸收利用。其转换的速度比磷矿粉快得多。同时,钙镁磷肥在转换过程中又能中和部分土壤的酸度,从而提高了磷的有效性。酸性土壤可以促进钙镁磷肥中的磷酸盐的溶解,同时土壤对钙镁磷肥中的磷的固定作用低于过磷酸钙,因此钙镁磷肥应优先分配于酸性土壤上。不同作物对钙镁磷肥的使用表现也不相同。钙镁磷肥对于水稻、小麦、玉米等作物的当季效果为过磷酸钙的 70%～80%。钙镁磷肥可以作基肥、种肥、追肥,但以基肥深施的效果最佳,基肥、追肥宜适当集中施用,追肥以早施为好。钙镁磷肥与有机肥料混合或堆沤后使用可以减少土壤对磷的固定作用;与水溶性磷肥氮肥和钾肥等肥料配合施用可提高肥效。

4. 磷酸二铵

磷酸二铵是一种高浓度的速效肥料,适用于各种作物和土壤,作基肥或追肥均可,宜深施。磷酸二铵易溶于水,溶解后的固形物较少,适用各种农作物对氮、磷元素的需要,尤其适合于甘蔗、荸荠等喜氢需磷作物。磷酸二铵可与碳酸氢铵、尿素、氯化铵、氯化钾等化肥配合使用,对于植株的生长具有良好的促进作用。

5.3　甘蔗的钾素营养与管理策略

钾是植物必需的大量营养元素之一。它作为植物体内 60 多种酶的激活剂,细胞溶质势的渗透调节剂与植物的各项代谢活动密切相关,对植物的正常生长、产量和品质形成、抗逆性能等均有重要影响。钾对甘蔗植株的作用是多方面的。它与细胞的结构、碳水化合物的形成、光合作用、蛋白质以及淀粉的合成等都有密切关系。同时,植株体内碳水化合物的运输、水分的利用、根的正常发育以及植株体内其他许多生命活动都离不开钾素的参与。钾是活性元素,它以活性离子态存在,在植物生理过程中的功能主要是催化。如果钾素充足、光合作用强,则合成蔗糖多,纤维分增加,蔗茎健壮,抗病能力强。缺钾会引起甘蔗光合强度下降,叶尖和叶缘褪色、干枯。增施钾肥会使蔗汁纯度提高,蔗糖分明显增加。此外,钾能促进纤维素的形成,从而增强细胞壁的强度,提高甘蔗茎皮的硬度,茎径健壮,根系发达,提高了其防倒伏和抗病害的能力。甘蔗对钾的需求量较大,每生产 1 t 甘蔗需吸收钾 2～2.5 kg,为氮的 1～2 倍,磷的 6 倍。

云南、广西、广东、海南是我国甘蔗生产的优势产区,蔗糖产量占全国产量的 90% 及以上。这些地区土壤类型主要为赤红壤、砖红壤。由于土壤本身的特性,土壤有效钾含量低,同时甘蔗生长量大,生物产量高,每季都要从土壤中带走大量的钾素,再加上蔗区普遍重施、偏施氮肥、磷肥,蔗田生产系统动态平衡中的钾素输出大于补充,导致蔗田土壤缺钾程度日益严重。我国蔗区土壤有效钾含量低,甘蔗生产中的钾肥施用量不足已经成为制约甘蔗产量提高和品质改善的主要因素。一方面,由于我国钾矿资源的严重缺乏,大量施用钾肥使甘蔗生产成本急剧增加;另一方面,由于我国甘蔗生产中的施肥制度和施肥技术不科学,钾肥的利用率很低,从而极大地浪费了资源,并且对生态环境带来巨大的压力。因此,科学施用钾肥极其重要。

5.3.1 甘蔗钾肥适用量

1. 土壤有效钾分级指标

通过对粤西蔗区相对产量与土壤有效钾含量作散点图,得出其拟合方程为 $y=0.070\ 3\ln(x)+0.534\ 7(R^2=0.407\ 8^{***})$(图 5-5),达极显著水平。分别将相对产量 75%、85%、90%、95%代入拟合方程,得出其对应的土壤有效钾含量分别为 21.4 mg/kg、88.7 mg/kg、180.6 mg/kg 和 367.8 mg/kg,此即为土壤有效钾的分级指标。由此,将土壤的有效钾分为 5 个等级,即甘蔗相对产量<75%,土壤有效钾含量<21.4 mg/kg 为低等级;甘蔗相对产量 75%~85%,土壤有效钾含量 21.4~88.7 mg/kg 为较低等级;甘蔗相对产量 85%~90%,土壤有效钾含量 88.7~180.6 mg/kg 为中等等级;甘蔗相对产量 90%~95%,土壤有效钾含量 180.6~367.8 mg/kg 为较高等级;甘蔗相对产量>95%,土壤有效钾含量>367.8 mg/kg 为高等级。考虑到操作的适用性,将土壤有效钾含量分级指标值进行简化,简化后的分级:土壤有效钾含量<20 mg/kg 为低等级;土壤有效钾含量 20~90 mg/kg 为较低等级;土壤有效钾含量 90~180 mg/kg 为中等等级;土壤有效钾含量 180~360 mg/kg 为较高等级;土壤有效钾含量>360 mg/kg 为高等级。

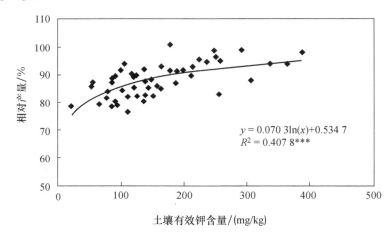

$$y=0.070\ 3\ln(x)+0.534\ 7$$
$$R^2=0.407\ 8^{***}$$

图 5-5 甘蔗缺钾相对产量与土壤有效钾含量的关系

2. 甘蔗钾肥推荐施肥

将粤西蔗区试验区土壤有效钾含量与甘蔗最佳施钾量作散点图,根据散点图趋势和方程拟合决定系数,选择适合的拟合方程为 $y=0.000\ 3x^2-0.971\ 5x+415.39(R^2=0.273\ 3^{***})$(图 5-6),土壤有效钾含量与最佳施钾量之间达极显著水平。因此,当计算的土壤有效钾含量为 20 mg/kg、90 mg/kg、180 mg/kg 和 360 mg/kg 时,最佳施钾量分别为 396.1 kg/hm²、330.4 kg/hm²、250.2 kg/hm² 和 104.5 kg/hm²。在各试验点中,最高施钾量为 0~608 kg/hm²,平均为 378.8 kg/hm²,因此取 378.8 kg/hm² 为低等级土壤钾的推荐施肥上限。考虑到操作的实用性和方便性,将各等级的推荐施钾量阈值进行适当调整,因此,本蔗区各等级土壤推荐施钾量:土壤有效钾等级为低,推荐施钾量的上限为 380 kg/hm²;土壤有效钾等级为较低,推荐施钾量为 330~380 kg/hm²;土壤有效钾等级为中等,推荐施钾量为 250~330 kg/hm²;土壤有效钾等级为较高,推荐施钾量为 100~250 kg/hm²;土壤有效钾等级为高,推荐施钾量为 0~

100 kg/hm²。土壤有效钾丰缺指标及推荐施钾量参见表 5-7。

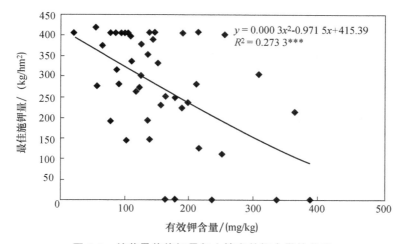

图 5-6　甘蔗最佳施钾量与土壤有效钾含量的关系

表 5-7　有效钾丰缺指标及推荐施钾量

肥力等级	相对产量/%	有效钾含量 /(mg/kg)	钾肥用量 /(kg/hm²)
低	<75	<20	380
较低	75～85	20～90	330～380
中等	85～90	90～180	250～330
较高	90～95	180～360	100～250
高	>95	>360	0～100

周一帆等(2021)通过 Data Mining 分析也发现,在我国广西、云南、广东等三大蔗区,钾肥施用量与甘蔗产量的关系呈"线性＋平台"的趋势,即施用量小于某个临界值则保持稳定趋势,这个临界值对应的施肥量和产量可以作为推荐施肥量及对应的可实现产量。通过"线性＋平台"模型拟合,得出广西、云南和广东的钾(K₂O)肥的推荐施用量分别为 208 kg/hm²、281 kg/hm² 和 193 kg/hm²。以上推荐施用量比粤西蔗区根据不同钾肥施用量梯度多点试验得到土壤肥力等级为中等的情况下推荐的 250～300 kg/hm² 偏低。

5.3.2　长期施钾肥对甘蔗产量及土壤钾素平衡的影响

有关长期施钾肥对甘蔗产量及土壤钾素平衡的影响的研究于 2014—2017 年广州甘蔗糖业研究所湛江甘蔗研究中心试验基地进行。该研究以粤糖 66 为试验材料;供试土壤类型为砖红壤,pH 为 5.6,有机质 16.24 g/kg、全氮 1.05 g/kg、碱解氮 80.05 mg/kg、有效磷 344.29 mg/kg、有效钾 139 mg/kg。田间定位试验共设 0 kg/m²(对照)、225 kg/m²、450 kg/m²、675 kg/m²、900 kg/m² K₂O 共 5 个处理。

1. 施钾量对甘蔗产量及农学效应的影响

不同施钾量对甘蔗产量的影响表现不同,各施肥处理的甘蔗产量之间存在显著差异(P＜0.05)(表 5-8)。试验表明,施用钾肥均能增加甘蔗产量,连续 4 年施用钾肥的甘蔗平均产量随施钾量的增加呈先增加后下降的趋势；与K0相比，K1、K2、K3和K4 4年平均增产25.20%、40.00%、35.56%和21.94%。从不同年份来看，K0产量逐年下降的主要原因是不施钾导致钾素亏缺；其他施钾处理在不同年份的产量变化差异不大，能保持产量稳定。

钾肥的农学效应是指单位钾肥的增产量。4年连续施钾处理结果表明（表5-8），K1的农学效应最高，其次为K2、K3、K4，说明增施钾肥均能增加农学效应，但农学效应随着施钾量增加而降低，钾肥用量过高则经济效益降低。

表5-8　2014—2017年不同施钾肥量对甘蔗产量及钾肥农学效应的影响

处理	蔗茎产量/(t/hm²)					增产率/%	农学效应/(kg/kg)				
	2014年	2015年	2016年	2017年	平均		2014年	2015年	2016年	2017年	平均
K0	70.43 a	65.97 b	63.20 c	61.57 c	65.29 e	—	—	—	—	—	—
K1	82.57 ab	79.93 b	83.57 a	80.93 b	81.75 c	25.20	53.93 ab	62.05 b	90.52 c	86.05 c	73.14
K2	91.30 a	93.47 a	92.27 a	88.60 b	91.41 a	40.00	46.37 a	61.11 a	64.59 a	60.07 b	58.04
K3	88.60 ab	90.57 a	87.93 b	86.93 b	88.51 b	35.56	26.91 ab	36.44 b	36.64 b	37.58 b	34.40
K4	80.87 a	80.37 a	79.57 a	77.67 b	79.62d	21.94	11.59 a	16.00 a	18.19 a	17.89 b	15.92

注：数字后不同字母表示同列数据差异达5%显著水平。

2. 施钾量对甘蔗植株吸钾量和钾肥利用效率的影响

从表5-9可知，对于不同施钾处理而言，4年甘蔗植株平均吸钾量具有显著性差异（$P < 0.05$），施钾处理会显著增加甘蔗植株的吸钾量，植株吸钾量随着钾肥用量的增加而增加；不同施钾处理在不同年份的植株吸钾量不一样，K0随着种植年限延长，植株吸钾量呈下降趋势的主要原因是连续多年不施肥，钾的供应不足。2014—2017年，K3、K4的植株吸钾量年年增加可能由于施钾量增加，钾养分供应充足，呈递增趋势。

在钾肥利用率方面的施钾处理下，利用率随钾肥用量的增加呈先提高后下降的趋势。甘蔗钾肥平均利用率为21.96%～35.19%；K2钾肥利用率最高，为35.19%；K1与K3利用率接近，分别为28.64%和27.23%；K4为21.96%，施钾量最多，钾肥利用率最低。从不同年份的不同处理来看，不同施钾处理在2014年的钾肥利用率低于后续3年试验的主要原因是K0连续4年不施钾肥，其产量下降；K1、K2、K3、K4施钾肥，后续年份的宿根产量没有显著差异，同一处理在不同年份的钾肥利用率有差异现象。

表5-9　2014—2017年不同施钾处理甘蔗植株吸钾量和钾肥利用率

处理	甘蔗植株吸钾量/(kg/hm²)					钾肥利用率/%				
	2014年	2015年	2016年	2017年	平均	2014年	2015年	2016年	2017年	平均
K0	225.00 a	176.33 b	160.00 c	153.33 c	178.67 e	—	—	—	—	—
K1	280.91 a	240.80 b	230.14 c	220.60 d	243.11 d	24.85 a	28.65 b	31.17 c	29.90 d	28.64
K2	323.06 c	339.90 b	347.09 a	338.03 b	337.02 c	21.79 c	36.35 b	41.58 a	41.04 b	35.19
K3	315.78 b	346.92 a	371.67 a	415.44 a	362.45 b	13.45 c	25.27 b	31.36 a	38.83 a	27.23
K4	350.64 d	367.55 c	368.30 b	418.75 a	376.31 a	13.96 d	21.25 c	23.14 b	29.49 a	21.96

注：数字后不同字母表示同列数据差异达5%显著水平。

3. 施钾量对甘蔗种植土壤钾素状况的影响

表5-10表明，不同施钾量对甘蔗种植耕作层土壤的钾素含量有明显影响，土壤有效钾

和缓效钾含量均随施钾量的增加而提高;K0、K1 的甘蔗种植收获前后的土壤有效钾含量和缓效钾含量降低,K2、K3、K4 的甘蔗种植收获前后的土壤有效钾含量和缓效钾含量增加,土壤有效钾增减分别为 −55.67 mg/kg、−3.67 mg/kg、10.67 mg/kg、83.33 mg/kg、98.33 mg/kg,土壤缓效钾增减为 −40 mg/kg、−11.67 mg/kg、29 mg/kg、58.67 mg/kg、44 mg/kg。

表 5-10 2014—2017 年不同施钾量对甘蔗种植土壤钾素含量的影响

处理	有效钾/(mg/kg)			缓效钾/(mg/kg)		
	2014 年	2017 年	增减	2014 年	2017 年	增减
K0	101.33	45.67	−55.67	133.67	93.67	−40.00
K1	126.33	122.67	−3.67	147.00	135.33	−11.67
K2	147.00	157.67	10.67	159.33	188.33	29.00
K3	152.33	235.67	83.33	163.67	222.33	58.67
K4	169.33	267.67	98.33	185.67	229.67	44.00

4. 施钾量对土壤钾素平衡的影响

土壤钾的输入主要是施肥投入,钾的输出主要是甘蔗植株吸收的钾。从表 5-11 可知,施钾处理的甘蔗植株吸钾量明显高于不施钾处理,且随着施钾用量的增加而增加,说明施钾量越高,甘蔗从土壤中带走的钾素越多。4 年的平均钾素表观平衡结果分析表明:K0、K1 的钾养分处于亏缺状态,其中 K0 的钾养分亏损最大,其次为 K1,K0 的钾养分亏缺量为 714.67 kg/hm²,而 K1 的钾养分亏缺量仅为 72.45 kg/hm²,钾素的亏缺量随着施钾量的增加而有较大幅度降低;K2、K3 和 K4 的处于钾素盈余状态,钾素盈余量随着钾肥投入量的增加而大幅增加,其中 K2 的钾素盈余量为 451.91 kg/hm²,K3 的钾素盈余量为 1 250.20 kg/hm²,K4 的钾素盈余量为 2 094.77 kg/hm²。

表 5-11 2014—2017 年钾素平衡状况

处理	年施钾量 /(kg/hm²)	年均吸钾量 /(kg/hm²)	4 年钾素表观总盈亏 /(kg/hm²)	钾素平衡系数
K0	0.00	178.67	−714.67	0.00
K1	225.00	243.11	−72.45	0.93
K2	450.00	337.02	451.91	1.34
K3	675.00	362.45	1250.20	1.86
K4	900.00	376.31	2094.77	2.39

5. 施钾量对甘蔗经济效益的影响

表 5-12 表明,甘蔗产值和增产值随着施钾量的增加呈先增加后下降的趋势。与 K0 相比,施钾处理的甘蔗均能显著增加产量和产值;当施钾量为 675 kg/hm² 时,增产值随着钾投入量的增加反而降低。从产投比来看,K2 的产投比最大,其次是 K3、K1、K4,产投比随钾投入量的增加而降低,故而 K2 的经济效益是最好的。

连续 4 年的定位研究结果表明,当钾用量为 225～450 kg/hm² 时,甘蔗产量随着施钾量的增加而增加,产量呈显著水平;当钾用量超过 450 kg/hm² 时,甘蔗平均产量随施钾量的增加而下降;当钾用量为 225 kg/hm² 与 900 kg/hm² 时,甘蔗产量水平相当,说明甘蔗的高产稳产并不意味着钾肥用量的持续增加,合理施用钾肥才是甘蔗增产稳产的关键。本研究的施钾量为 225 kg/hm² 时的甘蔗产量水平与黄振瑞等优化施肥研究的钾肥推荐量为 240 kg/hm² 时获得的甘蔗产量水平相当,说明该施钾量作为粤西蔗区推荐优化施肥量较为合理,可以作为推荐施钾量。钾肥施用可以优化,农民过量施用钾肥可以减量,但不减产。

表 5-12　2014—2017 年施钾对甘蔗经济效益的影响

处理	产值	肥料投入	增产值	产投比
K0	29 381.25	3 270.00	—	—
K1	36 786.60	4 282.50	7 405.35	2.26
K2	41 133.75	5 295.00	11 752.50	3.59
K3	39 828.75	6 307.50	10 447.50	3.19
K4	35 827.50	7 320.00	6 446.25	1.97

注:肥料价格为 N 5.0 元/kg;P_2O_5 5 元/kg;K_2O 4.5 元/kg。

在考虑施用钾肥增加产量的同时,还应考虑钾肥投入量产生的最佳经济效益。在本研究中,农学效应最高的是钾肥用量 225 kg/hm²,该处理的农学效应为 73.14 kg/kg,而钾肥用量为 450 kg/hm²、675 kg/hm²、900 kg/hm² 的农学效应依次降低,分别为 58.04 kg/kg、34.40 kg/kg、15.92 kg/kg,说明增钾肥能显著增加产量,农学效应反而随着钾肥用量的增加而急剧下降。从产投比来看,产投比都大于1,呈先升后降的趋势,增产值最高的是 K2,随后依次为 K3、K1、K4,由此可见,增施钾肥用量都能获得较好的经济效益,但并非施得越多,效益就越好。在本试验中,综合产量、农学效应和经济效益,甘蔗施钾量在 225~450 kg/hm² 较为理想。在土壤钾库方面,本研究结果表明,连续 4 年甘蔗不施钾肥处理的土壤有效钾和缓效钾均比第 1 年时有所降低;不同施钾量处理对甘蔗种植耕作层土壤的钾素含量有明显影响,土壤有效钾和缓效钾均随着施钾量的增加而提高。当 K1 施钾量为 225 kg/hm² 时,土壤有效钾和缓效钾的含量基本能维持稳定,增减接近 0 mg/kg。

5.3.3　钾肥恒量监控策略

与氮肥不同,钾肥施入土壤后相对比较稳定,因此,可以采用养分丰缺指标法进行恒量监控,以在保持甘蔗产量的同时,维持地力。土壤钾素养分丰缺程度反映了甘蔗施肥增产效果的大小。一般来说,土壤钾素养分含量"高",说明施用钾肥效果不明显,一般可以不施或少施;土壤钾素养分含量"低"表明施钾肥效果显著,应适量施用钾肥。钾素养分管理的主要目的就是满足甘蔗高产高糖的需要,并将土壤有效钾的含量长期维持在甘蔗高产需求的"适宜"水平。长期施钾不足易造成土壤退化,肥力下降;长期过量施钾易造成钾资源的巨大浪费,经济效益降低,容易造成环境风险。根据钾肥恒量监控策略,应基于甘蔗的目标产量和土壤肥力水平,制定相应的钾肥施用量。一般情况下,200~300 kg/hm² 的钾肥施用量可保证甘蔗产量,并维持地力。

5.3.4　钾素对甘蔗品质的影响

钾既是植物的一种必需营养元素,也被称为"品质元素"。甘蔗是一种喜钾作物,对钾的需要量大于氮、磷及其他各种矿物质元素。钾是甘蔗体内各种生理机能正常运行不可缺少的元素之一,是核糖体中与蛋白质合成光合作用所需的物质,对蔗糖的合成及其运转影响较大,直接影响蔗茎糖分的提高。

研究表明,充足的钾可以促进蔗糖从叶片向茎秆的转移,有利于蔗茎积累糖分等。钾还可以促进硝酸还原酶活性,有利于植株进行氨的同化,提高叶片叶绿素含量,从而产生更多光合产物。叶片中的高浓度钾素有利于增加叶片气孔导度和蒸腾速率,保持光合作用持续高速进行,对糖代谢相关酶活性有促进作用,有利于糖分的累积等。

当甘蔗缺钾时,叶片叶绿素减少,根较细长,叶中脉红色,老叶尖及边缘干枯变黄,嫩叶呈深绿色,光合作用降低,碳水化合物和蛋白质合成受阻,生长减弱,成茎率低。缺钾导致单糖难变成蔗糖,糖料难转成淀粉或高分子碳水化合物,茎小而弱,易风折、倒伏和招致病虫害,对甘蔗产量和蔗糖分都有不良的影响。

甘蔗是喜钾作物,存在奢侈吸收的现象,过量施钾未见明显负面效应。随着施钾量的增加,甘蔗蔗糖分和产糖量逐渐增加,而纤维分和简纯度没有明显差异(表 5-13)。

表 5-13　钾施用量对甘蔗品质指标的影响

钾施用量 /(kg/hm²)	蔗糖分 /%	纤维分 /%	简纯度 /%	产糖量 /(t/hm²)
0	14.82 d	15.23 a	82.93 a	10.88 d
150	15.35 bc	15.02 a	83.5 a	12.36 bc
300	15.15 b	15.03 a	82.71 a	12.92 b
450	15.27 a	14.8 a	82.94 a	14.15 a

注:数字后不同字母表示同列数据差异显著,$P<0.05$。

5.3.5　钾肥高效施用技术

甘蔗需肥量大,吸肥能力强,需肥周期长。合理施钾可促进甘蔗提质、增产和增效。钾肥的高效施用具体有以下建议。

①合理的钾肥施用量。根据甘蔗目标产量、肥力水平和甘蔗钾素的恒量监控方法,确定甘蔗钾肥施用量。

②科学的施用时期和位置。甘蔗施钾肥宜早施,一般作基肥施用,也可在伸长期用(大培土前)作追肥。基肥施于植蔗沟的种苗的对侧,避免肥料与种苗接触;追肥建议深施,施于甘蔗根区位置,施后覆土,以提高肥料利用效率。

③与其他营养元素合理搭配,平衡施肥。

④重视蔗叶及酒精废液还田。95%及以上的甘蔗种植体系中的钾素被蔗叶及蔗茎所带走,而95%及以上的蔗茎中的钾元素留存于糖蜜酒精废液。应用蔗叶还田、糖蜜酒精废液还田等栽培技术可实现甘蔗种植体系中钾素的循环利用。

5.3.6　甘蔗上主要钾肥产品的农学特性

钾肥的种类有很多,常见的有氯化钾、硫酸钾、硝酸钾、磷酸钾(包括磷酸二氢钾、聚磷酸钾、多聚磷酸钾等)、有机钾、草木灰等。在甘蔗上,使用最普遍的是氯化钾和硫酸钾,其中又以氯化钾使用最多。

1. 氯化钾

氯化钾是易溶于水的速效性钾肥,含量为 52%～60%,呈白色、淡黄色或紫红色结晶,化学中性,生理酸性。氯化钾的物理性状好,可作为基肥和追肥使用。氯化钾的优点是价格较低,钾含量高,速溶性好。试验证明,在我国南方蔗区高温、多雨以及淋溶作用强烈的土壤,只要施用数量、时期得当,蔗田在施氯化钾后就不会造成氯离子在土壤和蔗汁中的大量累积。

2. 硫酸钾

硫酸钾多为白色结晶,溶于水,含量 $50\% \sim 52\%$,化学中性,生理酸性。硫酸钾的特性是含钾量为 50% 左右,含硫量约为 18%,且不含氯。而钾和硫都是作物必需的营养元素,故其较适合于各种土壤和作物,常作基肥、追肥等。硫酸钾的优点是价格较低,钾含量高;其缺点是属生理性酸性肥料,所含的硫易于和钙结合形成硫酸钙。

5.4 甘蔗中量元素营养与管理策略

中量元素是指作物生长需要量次于氮、磷、钾,而高于微量元素的营养元素。中量元素一般占作物体干重的 $0.1\% \sim 1\%$,通常指钙、镁、硫 3 种元素。由于土壤和一些肥料的陪伴离子中经常含有大量的钙、镁、硫,所以人们经常忽视这 3 种元素对植物生长的重要性。事实上,钙、镁、硫在植物体内具有非常重要且不可代替的生理功能。此外,甘蔗是喜硅的禾本科作物。硅元素对甘蔗的生殖生长与营养生长都起着极其重要的作用。

5.4.1 钙元素

钙肥所含的钙不仅对作物中的蛋白质合成有影响,并且有调节作物体内 pH 的功效。此外,钙元素还能与某些离子产生拮抗作用,消除或减少土壤中的有害物质。生产上的钙肥主要包括生石灰和熟石灰。它们都是强碱性物质,适合酸性土壤。除了提供钙营养外,其还能中和土壤酸性,提高土壤 pH,改善土壤结构,并能杀死土壤中某些病菌和虫卵等。在南方土壤酸性较强的地区,尤其是连作甘蔗时间较长的蔗田,应考虑施用石灰。石灰以每亩施用 150 kg 为宜,在犁耙整地时施下。施用石灰一般都有 $2 \sim 4$ 年的后效。研究表明,低钙处理的甘蔗中的蔗糖浓度、DNA、RNA 浓度均较低。合理施用生石灰可显著提高甘蔗的产量和糖分。

5.4.2 硅元素

硅是作物细胞壁的重要组分,硅与植物体内的果胶酸、多醛糖酸、糖脂等结合可形成稳定性强、溶解度低的单硅酸及多硅酸复合物。这些复合物沉积在木质化细胞壁中增强了细胞壁的机械强度和稳固性,使作物茎叶生长健壮,抗倒伏能力增强。硅还能调节植物的光合作用和蒸腾作用。硅与磷等营养元素的相互作用促进了作物对氮、磷、钾、锌、锰的吸收和植物生长。甘蔗是喜硅作物。其吸收的硅量超过其他任何一种矿物元素(N、P、K、Ca、Mg 等),一季 12 个月生长量的甘蔗大约可吸收 380 kg/hm^2 的硅(SiO_2 760 kg)。

在一定范围内,转化酶的活性与硅元素的含量成正比,但超过一定的限度,转化酶的活性又开始降低。研究表明,硅能显著提高甘蔗伸长期的蔗叶酸性转化酶活性。酸性转化酶的功能是将蔗糖降解为葡萄糖和果糖,供植物生长之需。酸性转化酶活性增强,产生的葡萄糖和果糖增多,有利于甘蔗伸长、增粗和分生组织的发生,从而提高甘蔗的产量。硅元素也可直接影响中性转化酶的活性。在甘蔗从分蘖到成熟的各生育阶段中,施硅的蔗叶的中性转化酶活性比对照组高,有利于糖分的积累。此外,硅元素对甘蔗具有一定的催熟作用。因此,合理施用硅肥有利于甘蔗产量和糖分的提高。

我国的蔗区主要位于南方亚热带酸性土壤地区,土壤风化强度大,脱硅现象严重,加上低 pH,故蔗区土壤硅的有效性较低,需合理补充硅肥。

5.4.3　镁元素

甘蔗是 C_4 作物,生物量大,对镁需求量高。我国甘蔗单产量为 60～90 t/hm²,镁的吸收带走量为 20～30 kg/hm²。同时,我国甘蔗主产区主要分布于华南、西南地区,降水量充沛,土壤淋溶作用强烈,镁元素淋失量大。据估算,每年甘蔗种植系统由雨水淋洗等带走的镁为 20～40 kg/hm²。因此,甘蔗种植系统镁的输出量大,为 40～70 kg/hm²。然而,我国蔗区土壤有效镁的本底含量低。由于施肥习惯的改变,大部分采用氮磷钾复合肥,含镁肥料很少被关注,故镁的输入非常有限,亏缺严重。输入与输出的不平衡导致我国甘蔗土壤中的有效镁匮缺日益严重。

镁是作物体内叶绿素的重要组成成分,对光合作用起着重要的作用。甘蔗缺镁导致中、老叶的叶绿素含量下降,表现为叶片缺绿,SPAD 值显著降低,光合作用下降,生长缓慢,植株弱小,产量下降。缺镁也会影响甘蔗叶片光合产物从源到库的长距离运输,从而使糖分无法得到充分积累,甘蔗含糖量降低,品质下降。根据对近 10 年来在粤西蔗区开展的多年、多点镁肥试验进行的统计,结果表明(图 5-7),甘蔗增施镁肥,甘蔗增产效果明显,增产幅度为 3%～20%,平均增产 10% 以上;增施镁肥对甘蔗糖分增加也有一定效果,增糖幅度为 -2%～10%,平均增糖 5%(相对值)左右。因此,平衡施镁是甘蔗优质、高产的重要保障。

在甘蔗生产中,镁肥的施用极为迫切。为维持甘蔗种植系统镁的平衡,建议甘蔗镁肥(MgO)的施用量为 50～90 kg/hm²,可采用土施或叶面喷施。土施可选用硫酸镁、氧化镁、钾镁肥、氯化镁等,单独或与氮磷钾肥料混合用作基肥或早期追肥。叶面喷施可在分蘖期选用 0.5%～1.5% 硫酸镁或 0.5%～1.0% 硝酸镁。另外,采用蔗叶、糖蜜酒精发酵残液还田也是补充镁的有效措施。

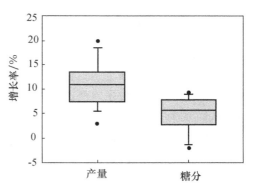

图 5-7　增施镁肥对甘蔗产量和糖分的影响($n=16$,多年多点)

5.4.4　硫元素

硫是作物生长所需的营养元素,需求量仅次于氮、磷、钾,与磷的需求量几乎相当,是作物体内蛋白质和酶的组成元素。硫与作物的蛋白质合成、呼吸作用、脂肪代谢和氮代谢作用有关。含硫的肥料较多,如石膏、硫酸镁、过硫酸钙、硫酸钾、硫酸铵等,可结合其他元素肥料一同施用。据报道,甘蔗施硫可增产 9 576～10 500 kg/hm²,增产率为 11.6%～13.0%,每千克硫增产甘蔗212.8 kg。试验研究也表明,施用硫肥能促进甘蔗生长,提高甘蔗单茎重和有效茎数,对甘蔗有极显著的增产作用,蔗茎增产率达 7.8%～22.8%,并可提高蔗茎含糖量,改善甘蔗品质。供试土壤的甘蔗施硫量以 60 kg/hm² 纯硫为宜,硫黄和石膏作为硫源对甘蔗的肥效相当,但以选用石膏为佳。

5.5　甘蔗微量元素营养与管理策略

当甘蔗缺乏任何一种微量元素时,生长发育都受到抑制,导致减产和糖分下降,甚至绝收。反之,微量元素施用过多又会引起作物中毒,影响甘蔗产量和糖分。由此可见,含有微量元素的微肥不可被氮、磷、钾肥所替代。微肥施用不当就会限制其他肥料效益的发挥。为提高其他化肥的使用效益,就必须因地制宜、适量地施用微肥,即依据土壤微量元素丰缺、作物需求及敏感性,采用合理的施用方法施用微肥。特别要注意的是,因缺补施,不可盲目滥用。针对性地施中、微肥是甘蔗高产、高糖的关键之一。

5.5.1　甘蔗锌、硼元素

锌、硼是植物必需的微量营养元素,在甘蔗的生长过程中也是其他元素无法替代的。锌是许多酶的组成部分。缺锌会降低硝酸还原酶的活性,增加作物的 NO_3—N 含量;锌也参与生长素代谢及光合作用,适宜的锌可增强植物的抗逆性。硼能稳定叶绿素结构,促进蛋白质合成和碳水化合物运输。科学施用锌、硼可增加玉米、绿豆、甜菜等多种作物的产量和品质。有研究认为,甘蔗和硼的关系密切,有效态硼的含量随土壤 pH 的升高而下降,土壤干燥会影响作物吸收硼。土壤水分状况对硼的有效性产生很大的影响。在微量元素中,干旱最易使作物缺乏的就是硼。在干旱季节,土壤含水量下降,硼的有效性随之下降,植物易出现缺硼症状,而补施硼肥可以促使甘蔗体内碳水化合物的转化和运输更趋正常,能更好地调节水分吸收和养分平衡,促进根系良好发育,提高其产量和糖分。

5.5.2　钼元素

作物体内的含钼量很低。非豆科作物体内的钼一般不到干物质重的百万分之一,豆科作物的含钼量可由十万分之几到百万分之几。钼是固氮酶的组成成分,钼的参与才使固氮酶具有固氮活性。钼是硝酸还原酶的成分。当缺钼时,硝态氮在作物体内的还原过程受阻,在体内积累,从而减少蛋白质的合成。巴西农牧业研究所的一项研究表明,使用钼(一种通常用于合金的物质)可以在甘蔗种植中减少 50% 的氮肥使用,能提高生产率。根据巴西农牧业研究所提供的资料显示,在巴西一些地区,使用钼可以提高甘蔗的单位面积产量,还可减少导致温室效应的气体排放。由于钼在土壤中不易淋溶流失,施钼不能过量,也不要在同块一田里连年施用。

5.6　甘蔗营养诊断与缺素症

甘蔗生长发育需要多种必需的营养元素,同时甘蔗为 C_4 作物,生长期长,生物产量高,对各种养分的需求较大。如果缺乏任何一种营养元素,其生理代谢就会发生障碍,表现出缺素症状。甘蔗缺素症是甘蔗因缺乏某种必需营养元素而出现的生理病症。甘蔗缺素症主要由以下几种原因造成。

(1)土壤贫瘠　由于受成土母质和有机质含量低等因素的影响,土壤中某一(些)种类营养元素的含量偏低。

(2)不适宜的 pH　土壤 pH 是影响土壤营养元素有效性的重要因素。在酸性土壤中,铁、锰、锌、铜、硼等元素的溶解度较大,有效性较高;在中性或碱性土壤中,因易发生沉淀作用或吸附作用而使 pH 有效性降低。磷在中性(pH 6.5～7.5)土壤中的有效性较高,但在酸性或石灰性土壤中易与铁、铝或钙发生化学变化而沉淀,有效性明显下降。通常,生长在偏酸性和偏碱性土壤的植物较易发生缺素症。

(3)营养元素比例失调　大量施用氮肥会使植物的生长量急剧增加,对其他营养元素的需要量也相应提高。如果不能同时增加其他营养元素的供应量,就会导致营养元素比例失调,发生生理障碍。土壤中由某种营养元素的过量存在引起的元素的拮抗也会促使另一种元素的吸收、利用被抑制而诱发缺素症。大量施用钾肥会诱发缺镁症。大量施用磷肥会诱发缺锌症。

(4)不良的土壤性质　不良的土壤性质会阻碍根系的生长发育并危害根系的呼吸,根的养分吸收面过狭而导致缺素症。

(5)恶劣的气候条件　首先是低温,一方面影响着土壤养分的释放速度,另一方面影响植物根系对大多数营养元素的吸收速度,尤其是对磷、钾的吸收最为敏感。其次是过多的雨水常造成养分淋失。我国南方酸性土壤缺硼、缺镁也与雨水过多有关。但严重干旱也会促进某些养分的固定和抑制土壤微生物的分解,从而降低养分的有效性,导致缺素症的发生。

5.6.1　氮素营养

氮是甘蔗生长发育中必不可少的营养元素,需求量大。其含量占甘蔗干物质重的 0.3%～5%。氮是植株体内许多重要有机化合物的成分。首先,氮是蛋白质和核酸的主要成分。植物由众多的细胞组成。蛋白质是构成原生质体的基本成分,占 50% 以上,而氮又占蛋白质的 15%～18%。蛋白质的新陈代谢要求不断供应氮素,否则蛋白质的代谢就要停止,生命就要结束。核酸也是含氮物质,所有的活细胞均含有核酸。核酸是遗传信息的传递者,蛋白质也是根据信息核糖核苷(mRNA)提供的模板合成的,由此可见,氮是植物生命活动的基础。其次,氮是叶绿素的组成成分。其含量与叶绿素含量呈正相关,而光合作用的强度又与叶绿素含量密切相关。

当甘蔗缺氮时,蛋白质合成受阻导致蛋白质和酶的数量下降。因为叶绿体结构遭破坏,叶绿素合成减少而使得叶片黄化。氮素是一种可以再利用的元素,自身能把衰老叶片中的蛋白质分解,释放出的氮素被运往新生叶片,供其再利用。植株缺氮的具体症状是在缺氮条件下,老叶先褪绿黄化,而后逐渐向嫩叶扩展。当长时间缺氮时,幼嫩叶片呈淡绿色,叶片狭窄,蔗茎较纤细,甘蔗节间生长缓慢,节间较短,叶鞘未老熟就脱离蔗茎,植株生长缓慢矮瘦;当极度缺氮时,叶绿素分解而全株变黄,甚至白化,茎细变硬纤维多,最后全株死亡。

当甘蔗氮素过剩时,其表现为徒长,叶大色浓,茎叶含水量增加,纤维素减少,组织柔嫩,抗病虫、抗旱、抗倒伏能力下降,成熟推迟,甘蔗蔗糖分低,蔗汁重力纯度差。

甘蔗缺氮发生的主要原因是甘蔗对氮需要量大,而大多数土壤中的氮不能满足甘蔗的正常生长需要。如果不施用氮肥,一般会出现缺氮症状。容易诱发缺氮发生的耕作栽培条件:①轻质沙土和有机质贫乏的土壤;②土壤理化性质不良,排水不畅,土温低,土壤有机质分解缓慢;③施用未腐熟的有机肥或有机质少的土壤被一次施用过多的有机肥;④在施用过多磷肥或酸性土壤中施用过多的石灰。

要防止甘蔗缺氮,要了解土壤中有关营养元素的含量状况,明确当地缺氮的原因,并结合当地施肥特点、甘蔗生长状况及有关条件,做到科学合理地施用基肥或追肥。由于甘蔗生长期较长,故在施用基肥的基础上,提倡施用长效尿素和注重合理追肥,应急时可喷施尿素水溶液。

5.6.2 磷素营养

磷是甘蔗正常生长发育的必需营养元素,含量占甘蔗干物质重的 0.2%~1.1%。首先,磷是甘蔗体内许多重要有机化合物的成分,例如,核酸、核蛋白、磷脂、植素、磷酸腺苷和很多酶都含有磷,这些物质对甘蔗的生长发育和新陈代谢都是十分重要的。其次,磷对甘蔗体内的各种代谢都产生重大作用。例如,在糖类代谢中,不论是碳水化合物的合成、分解,还是互相转运,都要磷的参与。缺磷会影响甘蔗的光合作用、呼吸作用及生物合成过程等。如果供磷不足,核糖核酸(RNA)合成会降低,并影响蛋白质的合成。缺磷会使细胞分裂慢,新细胞难以形成,同时也影响细胞的伸长,从而严重影响甘蔗的正常生长。

甘蔗缺磷的症状主要有地上部分生长延缓,蔗茎短小,植株矮小,少或无分蘖;缺磷初期的叶片呈暗绿色,以后变为黄绿色,叶尖及叶缘干枯,有些叶片可呈明显的紫色和不正常的挺直姿势。当磷的再利用程度高,甘蔗缺磷时,老叶的磷可被运往新生叶片重新利用,因此,甘蔗缺磷症状表现为较老的叶片未成熟先枯死,叶鞘早脱离。此外,甘蔗缺磷可导致地下部根系不发达,根细小,抗旱、抗倒伏能力差,甘蔗迟熟低糖。

缺磷的原因:①土壤有效氮(碱解氮)与有效磷的比例是影响磷肥肥效的重要因子之一。研究认为,当土壤有效氮与有效磷(P_2O_5)之比值大于 4 时,土壤处于氮多磷少的状况,此时增施磷肥有较好的增产效果,且比值越大,磷肥效果越明显。②土壤酸碱度也影响磷的有效性。对于多数土壤来说,当土壤 pH 为 5.5~7.9 时,磷的有效性较大,土壤过酸或过碱对磷的有效性都有显著影响。当酸性土壤中的铁、铝活性高时,其与磷形成难溶性的铁磷和铝磷,土壤磷和施入土壤中的肥料磷绝大部分转化为固定态磷,致使磷的有效性低。在碱性土壤中,磷主要与钙、镁离子及其碳酸盐进行反应,产生化学沉淀,从而影响了磷的有效性。另外,土壤 pH 还会影响作物根系的吸收,进而影响对磷的吸收。③土壤熟化度和施肥等因素也会影响土壤中有效磷的含量。凡熟化度高和施用有机肥多的土壤,其有效磷也较高,施用磷肥的效果则较差;反之,肥效增加。

防治缺磷的方法:①施用磷肥要早,最好是在下种时作基肥施用;②提早中耕,增施磷肥;③施用时尽量贴近根系,以使甘蔗容易吸收;④有条件的地区可进行测土施肥;⑤在酸性土壤上增施石灰肥料,在缺乏微量元素土壤上增施微量元素肥料,才能更好地发挥磷肥的肥效;⑥磷肥与有机肥混合堆沤后,再施用,磷肥与质量较高的厩肥或堆肥混合沤后,再施用,可减少磷的固定,提高肥效。

5.6.3 钾素营养

钾是肥料三要素之一。与氮、磷元素不同,钾并不参与生物体大分子的构成,而是作为移动性很强的阳离子影响许多生物化学、生物物理过程。钾的主要作用是作为众多酶的活化剂。只有存在适量的钾,这些酶才能充分发挥作用,促进光合作用、碳水化合物代谢、氮素代谢和甘蔗更经济有效地利用水分,增强植物抗性,抵御逆境。当植物体内钾不足时,钾被优先分配较幼嫩的组织。甘蔗缺钾的最初症状都是老叶叶尖、两缘及基部叶片边缘开始变黄,叶片出现局部性脱绿斑点,呈"锈斑"状,锈斑可扩展到全部叶片,叶中脉上表面出现红色斑点。当甘蔗长期缺钾时,会影响分生组织发育,梢部变形,呈束状或扇形;当严重缺钾时,甘蔗生长停滞,节间缩短,茎变细,植株小,少或无分蘖,老叶下披,老叶中脉变红并出现中脉赤腐症状,地下部根系生长明显停滞,细根和根毛生长差,易出现根腐病。

缺钾的主要原因:①供钾力低的土壤,如质地较粗的河流冲积母质发育的土地、河谷丘陵地带的红砂岩、第四纪黏土及石灰岩发育的土壤、南方的砖红壤及赤红壤等。②干旱的土壤会阻碍根的发育,减少其对钾的吸收。③肥料施用失衡,偏施氮肥,破坏植株体内氮、钾平衡,诱发缺钾。④少施或不施有机肥的土壤。

防治缺钾的方法:①增施钾肥;②合理的轮作可避免由某种元素需求量大的作物接茬而引起缺素症;③合理搭配施用化肥种类和多施有机肥,以维持土壤养分元素的平衡;④正确的耕作管理可改善土壤理化性质,促进根系向纵深发展,防止有毒物质阻碍根系呼吸,进而影响其对钾的吸收。

5.6.4 钙素营养

钙也是甘蔗生长需要量较大的元素,一般在甘蔗体内占干物质重的 0.6%。钙是细胞壁的结构成分,能降低原生质胶体的分散度,使之浓缩,增加黏滞及膜的透性,并改良土壤。缺钙的甘蔗植株在甘蔗的茎尖、根尖等分生组织出现症状,易腐烂死亡,随后幼叶卷曲畸形,甘蔗生长受阻,节间变短,一般比正常生长的甘蔗要矮小,组织柔软。当严重缺钙时,梢部叶尖和叶缘开始变黄并逐渐坏死,未成熟的叶片扭曲及坏死。

5.6.5 镁素营养

镁在甘蔗体内的含量与钙差不多,为干物质重的 $0.04\%\sim0.5\%$。镁是多种酶的活化剂,可促进脂肪的合成和参与氮的代谢。镁以二价镁离子的形态被甘蔗吸收。由于镁在韧皮部的移动性较强,故缺镁症状常常首先表现在老叶上。如果镁仍得不到补充,则逐渐发展到新叶。甘蔗在缺镁时,植株矮小,生长缓慢。其突出表现是叶绿素含量下降,叶基部叶绿素的积累出现"锈状"或褐色斑点,严重时,叶尖出现坏死斑点。镁对能量的转移影响极大。缺镁不仅影响甘蔗叶片的光合作用,而且显著降低光合产物从"源"到"库"的运输速率。因此,缺镁对根系的影响远大于对叶片的影响,会导致根冠比降低,根系不发达。在南方蔗区,土壤酸化严重,土壤

中的 H^+、Al^{3+} 含量较高,易与土壤中的 Mg^{2+} 拮抗而影响镁的有效性。同时,强烈的淋溶作用导致土壤中的镁含量普遍较低。因此,适量增施镁肥对南方蔗区甘蔗的高产高糖具有重要的意义。

5.6.6 硫素营养

硫也是甘蔗必需的元素之一。其在甘蔗体内的含量与磷相近,约占甘蔗干物质重的 0.5%。甘蔗可直接从土壤中吸收硫酸根离子,也可以通过叶片从大气中吸收少量的二氧化硫。当甘蔗缺硫时,蛋白质合成受阻导致失绿症。其外观症状与缺氮相似,但发生部位有所不同。当缺硫时,幼叶呈现均一的黄绿色,随后老叶也呈现淡绿或淡黄色。失绿叶的边缘可带红色,叶片变窄、变短,茎秆短,分蘖减少。缺硫症与缺铁症相似,常常容易混淆,分辨不出。

5.6.7 铁素营养

铁是叶绿素形成不可缺少的物质。它直接或间接地参与叶绿体蛋白质的合成。甘蔗体内的许多呼吸酶都含有铁。铁能促进甘蔗呼吸,加速生理氧化。由于铁在甘蔗体内活性小、移动性很差,不易被重复利用,因此,当甘蔗缺铁时,植株表现为上部嫩叶失绿,呈现鲜黄色,但是叶缘正常,生长并不停滞;下部老叶及叶脉仍保持绿色。当严重缺铁时,叶片失绿,进而黄化,上部新叶全部变白,久之,叶片出现褐斑坏死,干枯脱落。在石灰质土壤中,土壤偏碱,特别是在大量施用磷肥的情况下,土壤中的磷与铁结合成难溶性磷酸铁,甘蔗容易发生缺铁现象。此外,土壤干燥导致根的吸收机能下降,铁的吸收受阻,尤其是旱坡地的宿根蔗更容易发生缺铁的黄化苗症状。

5.6.8 硼素营养

硼对植物根、茎等器官的生长、幼小分生组织的发育有一定的促进作用。它能加速甘蔗体内碳水化合物的运输,促进甘蔗体内氮素的代谢。硼还能增强甘蔗的光合作用,改善甘蔗体内有机物的供应和分配。由于硼具有多方面的营养功能,因此,植物的缺硼症状也多种多样。甘蔗缺硼症状出现在幼嫩叶片上,未成熟叶片呈不同程度的缺绿,叶片扭曲,特别是未成熟叶片的边缘。当甘蔗长期缺硼时,叶片边缘可出现半透明的病斑,进而导致顶端生长点的死亡。当甘蔗严重缺硼时,嫩叶不能展开,蔗苗变脆,呈束状,分蘖丛生。

5.6.9 硅素营养

硅是甘蔗体内含量最多的灰分元素。在甘蔗体内,硅主要以无机形态存在,除对茎、叶有机械保护作用外,还有益于植物生长点的伸长和开花、受精等。硅酸具有置换土壤中的磷酸根的作用,因而可促进土壤磷的释放和增加有效磷含量,并有利于甘蔗对磷的吸收。甘蔗大量吸收硅酸后,细胞硅质化,增强了植株的抗逆性,有利于抵抗病害和虫害,还可改善株形,增强抗倒伏能力。如果甘蔗缺乏硅养分,则植株矮小,叶软下垂,易受病菌侵染。

第 6 章

甘蔗产业有机废弃物利用技术

　　我国是甘蔗种植大国,每年甘蔗种植面积约 2 000 万亩,主产区集中在广西、云南和广东,其中广西和云南的甘蔗种植面积占总种植面积的 90% 及以上。甘蔗在种植收获后期以及在糖厂加工制糖过程中会产生大量的有机废弃物,包括蔗叶、蔗梢、糖蜜、滤泥、蔗渣以及炉灰等,特别是在甘蔗产业上游中,蔗叶的有机废弃物产量高、覆盖面广,问题较为突出。蔗叶是甘蔗收获期砍去主体后不要的叶和杆,约占甘蔗全重的 25%。同时,在甘蔗产业下游制糖过程中,废弃物糖蜜及酒精废液、滤泥等产生量也很大。直接排放和废弃不仅浪费资源,也会出现生态环境保护问题。

6.1　蔗叶还田技术

　　蔗叶还田是指甘蔗收获后将老叶以及蔗梢回留蔗田的一种栽培管理方式。一般每亩甘蔗按平均收获生物量 5 t 计算,则产生的甘蔗叶蔗梢大约为 400 kg,按蔗叶平均氮、磷、钾养分折算可知,相当于还田氮 4 kg,磷 2.5 kg 和钾 5.5 kg。蔗叶还田使蔗叶中的多种养分和有机质回归土壤。这样可以有效地改善土壤的团粒结构和理化性状,增加有机质含量,使养分结构趋于合理,土壤容重降低、疏松,通透性提高,比重减小。同时,蔗叶还田也改善了土壤的保水、吸水、保湿、黏结等性状,提高了土壤自身调节水、肥、热、气的能力,使土壤孔隙度、含水率等有较大的增加。蔗叶的腐解可增加耕作层有机质含量和土壤微生物活性,为甘蔗生长提供良好的土壤条件。蔗叶还田技术是增肥改土工程中的一项标本兼治、行之有效的措施,同时也是保护环境,发展生态农业,实现经济、社会和生态效益协调发展的重要手段。

6.1.1　蔗叶还田的方式

　　蔗叶还田的方式有多种,主要有粉碎还田、直接覆盖还田、堆沤还田和过腹还田 4 种方式。蔗叶粉碎还田(图 6-1)又分为 2 种方式:一种是在收割机收获的同时,将蔗叶粉碎还田。其优点是简单方便、快捷省工;其缺点是需要有配套的机械才能完成,适合大型的田块。另一种是在甘蔗人工收获后,利用蔗叶粉碎机将散落在田间的蔗叶通过捡拾粉碎后还田。这种方式的作业要求地块要平整,蔗叶要干燥、分散,不能成堆。

图 6-1　蔗叶粉碎还田

　　蔗叶直接覆盖还田(图 6-2)一般是指甘蔗采用人工收获后直接将蔗叶均匀全铺盖在蔗田上或者隔行覆盖于蔗田。这是最简单的蔗叶回田方式。这种方式需要将成堆的蔗叶挑散分摊开,以免堆积太多而影响甘蔗出苗(图 6-3)。

图 6-2　蔗叶直接覆盖还田

　　蔗叶堆沤回田是指将蔗叶收集后,堆沤腐熟成有机肥后,再进行还田。堆沤发酵过的蔗叶能在土壤中快速分解,有利于养分的释放,改良土壤,具有较好的效果。由于收集蔗叶对劳动力需求强度大,且需要具备堆沤的场地,操作不方便,故在生产上应用较少。

　　蔗叶过腹还田(图 6-4)是指将蔗尾、蔗梢给牛等动物作青饲料,经动物食用消化后,将排出的粪便再施入蔗田或其他土壤作肥料。此方式主要针对青绿的新鲜蔗尾、蔗梢,干枯以及老的蔗叶则没有利用价值。同时,此方式也需要增加劳动力收集,故生产上应用也有限。

6.1.2　蔗叶还田的技术要点

　　机械化粉碎还田主要取决于机械。如果利用切断式甘蔗联合收割机,蔗叶被切成段后经风机直接吹出就能铺散于蔗田(图 6-5)。如果利用蔗叶粉碎还田机,则在人工收获后需要将蔗

图 6-3　蔗叶直接覆盖还田甘蔗生长情况

图 6-4　新鲜蔗尾作为饲料直接喂牛

叶均匀铺盖在蔗田上,待蔗叶充分干燥后,再利用机械将蔗叶就地捡拾切碎后,撒回蔗地(图 6-6)。自 20 世纪 80 年代以来,我国先后研制了一些甘蔗叶粉碎还田机械,如 FZ-100 型、3SY-140 型、4F-1.8 型、1GYF-120 型等,并在生产单位试验示范和应用。广东省科学院南繁种业研究所研制的蔗叶机械粉碎回收机通过将田间的蔗叶粉碎回收,进一步在田间腐熟发酵后还田,从而促进蔗田土壤有机质的高效转化。采用甘蔗收割机粉碎回田是最快速有效的方法,但还需要进一步研制适合不同立地条件的甘蔗收获机,以降低生产成本,加快甘蔗机械化收获在主产区的推广和应用。

　　甘蔗在人工砍收后可以将蔗叶均匀覆盖于蔗田,待蔗叶干燥后,每亩撒施 20 kg 尿素和淋施 5 t 糖蜜酒精发酵废液,可加速蔗叶腐烂,以促进甘蔗出苗和生长(图 6-7)。此外,蔗叶直接回田为病虫鼠害提供了越冬场所,极易导致病、虫、鼠害的发生和侵染,故应注意病虫鼠害的防治。

图 6-5　甘蔗收割机粉碎还田

图 6-6　蔗叶粉碎还田机粉碎还田

图 6-7　蔗叶直接覆盖还田补充尿素加速蔗叶腐熟

6.1.3 蔗叶还田的应用效果

甘蔗收获后的蔗叶应被均匀覆盖在蔗田,不能成堆,否则对甘蔗出苗产生不利影响。均匀的蔗叶覆盖可起到保水、保温作用,对甘蔗提早出苗和出苗整齐有一定的促进作用,有利于提高宿根萌发率,增加有效茎(图 6-8)。蔗叶覆盖层能持续释放石炭酸(酚)一类物质,具有抑制杂草生长的功能。与常规没有蔗叶还田的栽培方式相比,蔗叶覆盖还田栽培的蔗田杂草可减少 95%及以上,能有效降低除草成本(图 6-9)。

图 6-8 蔗叶直接覆盖还田(左)和蔗叶粉碎还田(右)的甘蔗出苗情况

图 6-9 常规管理与蔗叶覆盖的杂草对比

蔗叶还田具有保水和保肥效果,可减少土壤水分的蒸发,增加土壤有机质,促进甘蔗根系的生长。研究表明,蔗叶覆盖的蔗田单位体积内甘蔗根系的数量和侧根比常规管理的根系数量多 1 倍及以上,而且根系长度增加,根系活力增强。同时,蔗叶还田还有利于提高土壤中的蚯蚓和微生物数量,改善土壤结构(图 6-10)。

研究表明,蔗叶覆盖可显著提高 0～10 cm 土层范围内的 pH 及有效钾、可溶性碳、可溶性氮含量;蔗叶粉碎埋深 10 cm 可显著提高 10～20 cm 土层的全碳、全氮、可溶性碳、可溶性氮含量;蔗叶还田可显著提高 0～20 cm 范围内脲酶活性,同时提高了细菌及真菌群落的多样性和群落总数。

甘蔗属于耐连作的作物。由于甘蔗生长期长、生物量大,若多年连作,对地力的消耗,尤其是对土壤中氮、钾的消耗要比其他作物大,甚至会引起土壤的营养元素失调。蔗叶还田能将甘

图 6-10　蔗叶覆盖土壤中的蚯蚓

蔗吸收的部分养分归还土壤,减少地力损耗,提高蔗地土壤的综合肥力,改善土壤理化性状,从而促进甘蔗生长。另外,蔗叶也是一种营养全面的有机肥源,含有丰富的氮、磷、钾、镁、钙等多种元素。通过蔗叶还田,蔗叶中的多种养分和有机质能回归土壤,土壤的团粒结构和理化性状可得到有效改善,有机质含量增加,恢复连作蔗地的地力得到恢复,为甘蔗生长提供良好的土壤条件。

研究表明,早期的蔗叶覆盖可以达到一定的保温、保水效果,可促进甘蔗地下蔗芽的萌发,宿根发株多而早,为产量打下基础;后期的蔗叶覆盖由于蔗叶覆盖减少了雨水等外力对地表土壤的破坏,土壤疏松,并保持了较好的团粒结构,从而有利于甘蔗的根系生长,促进甘蔗生长,增加甘蔗产量。蔗叶还田虽然对改良土壤、培肥地力、保护环境等带来较大的正面影响,但也带来了杂草与害虫的增多、当年不增产增收等负面影响。因此,对甘蔗叶特性、粉碎程度、翻压质量、还田后种植其他作物以及相关负面影响等还需要持续的研究。

6.2　糖蜜酒精废液定量回施蔗田技术

6.2.1　糖蜜酒精废液的特性及作用

糖蜜酒精废液是糖蜜在酵母菌的分解下发酵生产酒精,蒸馏后产生的高浓度有机废水,呈酸性,pH 为 4.8 左右。糖蜜酒精废液的成分分析参见表 6-1,其 BOD 一般都达到 2.56×10^4 mg/L,COD 达到 1.10×10^6 mg/L,故直接排放水体会造成污染。糖蜜酒精废液的一个突出特点是污染物浓度高。其成分的特点为有较高的色度,大多呈棕黑色。其所含色素为类黑色素、棕色素。其主要成分为焦糖色素、酚类色素、多糖分解产物和氨基酸的浓聚产物等色素,难以被微生物降解,耐温、耐光照,放置时间延长后色值不减。由于受到资金与技术的限制,国内外针对糖蜜酒精废液的处理技术还不十分成熟,因此糖蜜酒精废液的治理已成为环境保护的重要课题。糖蜜酒精废液中的有机质含量达 5%,富含多种无机矿物质、微量元素、多种有机物、各种氨基酸、蛋白质和脂肪等,每吨废液相当于含有尿素 10.7 kg、过磷酸钙 2.8 kg、氯化钾 17.7 kg,是良好的肥料营养物质。调整糖蜜酒精废液的养分比例或预处理加入一定量的其他元素可将之作为一种液体肥料施于蔗田,以节省肥料施用,降低生产成本,促进甘蔗生长,增加甘蔗产量和收入。施用糖蜜酒精废液的甘蔗产量和糖分表现参见表 6-2。鉴于此,将糖蜜酒精发酵液应用于肥料生产,回归土地,以提高土壤有机质,培肥地力,糖蜜酒精废液肥料资源化的出路已经基本达成共识。

表 6-1　糖蜜酒精废液成分分析

pH	有机质 /%	N /%	P_2O_5 /%	K_2O /%	CaO /%	MgO /%	BOD /(mg/L)	COD /(mg/L)
4.85	5.26	0.48	0.033	1.06	0.262	0.183	2.56×10^4	1.10×10^6

表 6-2　施用糖蜜酒精废液的甘蔗产量和糖分表现

植期	品种	处理	茎径 /cm	茎长 /cm	单茎重 /kg	有效茎 /(万条/hm²)	蔗产量 /(t/hm²)	糖含量 /(t/hm²)	蔗糖分 /%
新植	粤糖 93-159	喷淋	2.70	254	1.27	8.02	101.93	14.67	14.39
		对照	2.80	221	1.11	6.42	71.40	10.40	14.56
宿根	新台糖 22 号	喷淋	2.61	275	1.47	7.43	109.26	16.60	15.19
		对照	2.54	264	1.34	6.44	86.51	11.80	13.64

6.2.2　蔗田淋施糖蜜酒精废液方法

方法一:在犁耙整地后将废液喷淋于蔗田泥土,每亩可淋施 5～10 t,待泥土基本落干后,便可按正常耕作开沟,种植甘蔗,可适当减少氮、磷、钾肥料施用,尤其是钾肥的施用。

方法二:在甘蔗播种时,盖土后在植沟内淋施废液,并结合采用地膜覆盖栽培,也可适当减少氮、磷、钾肥料的施用,尤其是钾肥的施用。此方法还能增加土壤湿度,促进早期甘蔗的生长发育。

方法三:在留宿根的蔗田开垄后将发酵废液淋施于植沟内或在甘蔗收获后不烧蔗叶直接淋施于蔗叶,每亩淋施 5 t 左右;在春节后,蔗田处理还可结合撒施适量的尿素或追肥型复合肥于蔗叶,以加速蔗叶腐烂。

糖蜜酒精废液淋施还可以结合甘蔗除草光降解地膜覆盖技术(图 6-11),把废液密封在地膜覆盖形成的小生态环境中。这种方法的肥效有效期长,可不断为甘蔗生长提供大量养分,一次施用就可满足整个甘蔗生长期的养分需求,实现甘蔗轻简、高效生产。该技术实现了对糖蜜酒精废液的制肥处理与糖蜜酒精厂生产的同步,及时最大限度地利用糖蜜酒精废液的养分和水分,同时施后的土壤不发生严重酸化、板

图 6-11　糖蜜酒精废液回田配合覆膜效果

结,对周边生态环境不会产生二次污染。

6.2.3 糖蜜酒精废液还田效果

研究表明,施用糖蜜酒精废液能显著促进甘蔗的前中期生长,增加甘蔗有效茎数和株高,表现为叶色深绿,生势旺盛,尤其是宿根蔗的表现更好,蔗茎生长也较快,植株较高大。此外,淋施废液还能改善甘蔗品质,提高甘蔗蔗糖分。甘蔗淋施糖蜜酒精废液增产的主要原因是显著增加了单位面积的有效茎数和蔗茎长度。

将糖蜜酒精废液作为有效肥料资源直接在甘蔗生产上施用可以缓解由种植甘蔗引起的地力下降、土壤板结、沙化以及酸化严重等问题,实现废物资源化利用和环境保护的目的。同时,有机质还田还促进了土壤团粒结构的形成和土壤中水、肥、气、热状况的调节。施用糖蜜酒精废液能显著减小土壤容重,增强土壤的保水能力,而土壤容重的变化直接关系土壤松紧度的变化,土壤松紧度的变化进而影响作物出苗和根系发育。由于糖蜜酒精废液中含有大量的有机物和腐植酸,施用可以降低土壤的紧实度,土壤变得疏松,有利于植物根系的发育和植物根际营养范围的扩大。研究表明,施用糖蜜酒精废液可显著提高土壤中的有机质、有效氮、有效钾和有效镁含量,有效增加土壤有效养分,促进甘蔗作物的生长。

蔗叶覆盖和淋施糖蜜酒精废液等综合措施(图 6-12)可以促进蔗叶降解和腐熟,并转化为有机质,以提高土壤肥力水平。酒精废液中含有丰富的小分子活性物质一方面可补充土壤养分,促进甘蔗根系的生长;另一方面可促进土壤微生物的繁殖和活性的提升。这些小分子活性物质不仅有利于保持土壤的含水量,也有利于土壤生态系统的多样性形成。经测算,如果连续3 年以上采用蔗叶覆盖和淋施糖蜜酒精废液综合技术,蔗田耕层的土壤有机质就可提高0.1%~0.2%,同时土壤有效钾的含量也可得到提高,化学钾肥的投入减少,肥料成本可降低50~150 元/亩。

研究表明,糖蜜酒精废液可以通过浓缩后添加枯草芽孢杆菌和解淀粉芽孢杆菌等微生物来发酵、腐熟,再经过改性,调配成复合微生物菌肥应用于甘蔗生产,对甘蔗生长具有良好作用(附录Ⅰ)。

由于糖蜜酒精废液本身排放量太大,成分不稳定且具有复杂性,故从成本和生态经济效益

图 6-12 蔗叶覆盖和糖蜜酒精废液还田

角度出发,最直接有效的措施就是采用直接还田技术。但糖蜜酒精废液的直接还田应结合甘蔗作物品种的耐受性和土壤养分情况平衡考虑,同时也要结合其他农艺措施配套使用,从而在整体上提高糖蜜酒精废液的附加值。

6.2.4　糖蜜酒精废液还田需注意的问题

①由于糖蜜酒精发酵废液含磷较低,故要配合施用一定量的磷肥,以调整养分比例,达到磷(P_2O_5)与钾(K_2O)之比为1∶2。

②糖蜜酒精废液以冬植、早春植播种后作基肥淋施于植沟为宜。若太迟施用,则盖膜效果不理想,进入雨季后,降水量增加,容易引起废液溢流,造成二次污染。

③应注意废液的浓度及施用量。在新植播种时,淋施的废液浓度不宜过高,以浓度8%为宜。新鲜的废液可直接兑水,按1∶1稀释,施用,也可存放一段时间,调节其pH和添加其他营养元素后,再施用。施用量一般以每亩5 t为宜,且不宜超过8 t。

④经催芽或已萌动的蔗种不要施用废液,以免烧坏蔗芽,降低发芽率,造成田间缺苗。

⑤新植蔗施用废液要结合地膜覆盖,施后立即盖膜,以防止废液蒸发失水、浓度增加,造成烧芽死苗,降低萌发率。宿根蔗淋施的效果要好于新植蔗,应提倡施用。

⑥其他田间管理措施与普通大田相同,施肥量可适当减少,具体应视甘蔗生长情况而定。

6.3　蔗叶及收获剩余物田间堆肥还田

蔗叶及收获剩余物田间堆肥还田是指在甘蔗机械收获后使用打包机器回收散落在田间的蔗叶及杂草等(图6-13),将打包好的蔗叶及收获剩余物通过田头堆置、高温堆肥(图6-14)发酵腐熟后还田(图6-15)。该方法蔗叶的腐熟程度高,可直接补充土壤养分和提高有机质水平,同时杜绝了蔗叶直接还田容易滋生的病虫害问题。蔗叶及收获剩余物田间堆肥还田的具体技术要点如下。

6.3.1　开挖堆沤池

根据蔗田剩余物收集面积,在田间空闲的地头挖掘堆沤池,一般每10亩地挖约6 m^3(长3 m×宽2 m×深1 m)。堆沤池用于蔗田剩余物的就地粉碎,以降低运输成本。

6.3.2　蔗田剩余物收集

甘蔗在收获后将蔗田剩余物(蔗叶、蔗梢等)收集,并集中于堆沤池旁,每亩蔗田剩余物1~1.5 t。应尽量避免雨后收集蔗田剩余物,以免含水量太高而影响后期堆沤腐熟效果。

6.3.3　有机物料堆沤腐熟

调整蔗田剩余物的初始含水量至65%左右,并添加0.1%~0.5%的秸秆腐熟剂和1%~2%的尿素或其他发酵有机含氮辅料,将其与蔗田剩余物充分混合后填到挖好的堆沤池,用塑料薄膜或适量泥土覆盖堆沤池,防止雨水渗入,保持堆体的温度和湿度。在有条件的情况下,每 10～15 天可以进行一次翻整,堆沤时间为 40～60 d。

图 6-13　蔗叶及收获剩余物机械打包

图 6-14　蔗叶及收获剩余物田间堆肥

6.3.4　有机物料的深加工

当堆体温度降至 20～30 ℃时,在堆沤肥中添加复合功能微生物菌剂(按照堆沤肥体积的 0.1%～0.5% 添加)进行二次发酵,堆沤时间为 3～10 d,以提高堆沤肥有益微生物含量和品质(根据情况备选)。

图 6-15　蔗叶及收获剩余物堆肥还田

6.3.5　有机物料还田

在犁耙整地以及小培土、中培土、大培土等种植管理时期,将处理好的蔗叶及收获剩余物采用撒施、沟施的方式进行还田。平均每亩地施用 $200\sim300$ kg。

蔗叶及收获剩余物通过高温堆肥可以实现腐熟的有机物质高度转化。在高温堆肥过程中,蔗叶中残留的杂草种子、虫卵及病原菌等可以被高温灭活,从而降低病虫草害的发生率,具有促进蔗田生态绿色防控的综合效果。蔗叶及收获剩余物发酵后的有机物料还田促进了蔗田土壤有机质的提高,供应了甘蔗所需大量元素氮、磷、钾以及中微量元素镁和锌等元素,从而在整体上促进了蔗田土壤的肥力水平提升。经科研人员在广东省湛江市甘蔗种植基地的生产测算结果可知,平均 10 亩来源的蔗叶及收获剩余物经过高温堆肥后腐熟发酵形成的有机物料能满足 $2\sim3$ 亩的蔗田土壤改良对高度腐熟的有机物料的需求,可减少化肥肥料投入成本 $50\sim100$ 元/亩,农药投入成本 $30\sim80$ 元/亩,同时提高收获期的甘蔗产量 $200\sim300$ kg/亩,故具有良好的生态经济效益。

与传统的有机肥发酵原料工厂化作业相比,该技术模式无须经过市场流通,故降低了有机物料发酵原料的流通成本。制造出的有机物料无须经过市场可以直接面向终端农场使用,故政府对于后期推广蔗叶禁烧和还田利用可采用购买服务的方式进行。同时,与畜禽粪便来源的有机物料相比,该技术模式发酵的有机物料避免了由产业链供应问题导致的抗生素污染,同时该有机物料的有机质含量远远高于畜禽粪便来源发酵的有机物料,故其用于蔗田土壤改良的效果更优。总体而言,该技术模式的社会生态和经济效益显著。

6.4 滤泥堆肥发酵制备生物有机肥料和复合肥料

滤泥是指蔗汁澄清的沉淀物经加工后剩下的物质,主要成分为蛋白质、蔗蜡、植物固醇、叶绿素等,其中也包含植物生长所需要的氮、磷、钾和多种微量元素,是制糖工业的大宗副产品之一。甘蔗滤泥中的成分会因甘蔗的品种、收获与压榨、澄清的方法(石灰法、亚硫酸法、碳酸法)、甘蔗的滤泥产率等因素的不同而具有很大的差异。研究表明,滤泥也可作为一种有效的改良剂参与土壤的改良修复。

以滤泥为主要原料,辅以木屑蔗渣和氨基酸废料等辅料,按照 10% 的比例添加,调节初始含水率为 65%~70%,采用条剁法堆肥(图 6-16),发酵温度可达 75 ℃,中间经过多次翻抛,以加速发酵和提高堆肥腐熟度,在发酵后期,加入功能微生物,进行二次发酵,经过陈化腐熟后,再经过筛分、造粒工序,形成生物有机肥料。

图 6-16 滤泥条剁法堆肥发酵

我国对滤泥的主要利用形式是用磷酸处理滤泥,降低其碱性,再经发酵后加入一定量的无机钾肥制成复合肥。滤泥有机与无机复混肥是利用糖厂生产蔗糖产生的大量滤泥与氮、磷、钾复配、搅拌、造粒、干燥等生产工序而得到的产品。以制糖生产蔗糖和酒精等产生的废醪液、滤泥、烟灰、蔗渣为原料制备的滤泥肥的养分全面,养分释放均匀长久,可供给作物养分和活性物质,提高光合作用强度,提高土壤肥力,改良土壤结构,是社会发展有机农业、生产绿色食品的良好用肥。利用滤泥、鱼肥、钙粉和多种有机氨作为填充料生产滤泥复合肥,可大量增加土壤有机质,改善土壤结构,提高土壤肥力。在未经干燥处理的滤泥中加入调理剂,经搅拌混合反应,制成物理性状极佳、呈粉状或颗粒状的混合肥,添加适量的氮、磷、钾、稀土元素、植物生长调节剂等制成含稀土元素或生长调节素的各种二元复合肥、三元复合肥,使稀泥状的臭味滤泥变成无臭味粉状或颗粒状的肥料,从而解决了由滤泥引起的环境污染问题,完全符合"三就一变"原则(即"就地取材、就地处理、就地使用、变废为宝"原则),有着明显的经济效益和社会效益。

6.5　糖蜜发酵制备有机水溶肥料

甘蔗糖厂的糖蜜又称"废蜜""桔水",是甘蔗制糖工业的一种副产物,呈深棕色、黏稠状和半流动液态。糖蜜产率一般为原料蔗的 3%～4%。其组分因原料蔗品种、栽培管理条件、成熟度以及制糖工艺不同而有一定差异。

糖蜜最突出的特点是糖分很高(35%～40%)。其可作为微生物发酵所需的碳源来生产细菌纤维素及酶、功能性糖醇、有机酸等。有专家研究了糖蜜预处理方法及糖蜜添加量对谷氨酸棒状杆菌发酵产 L-丝氨酸过程的影响,结果表明,当以质量分数为 9% 的蔗糖和 1% 的糖蜜总糖为混合碳源时,其有利于菌体生长及 L-丝氨酸的产生。

以糖蜜为主要碳源,添加一定比例的含氮物质,如尿素和氨基酸辅料。功能微生物发酵后可产生多肽及多种氨基酸小分子、有机酸等植物生长促进物质,这是复配有机水溶肥料的良好原料。利用反应釜发酵糖蜜制备有机水溶肥料可以提高糖蜜的利用价值。一般通过预处理,稀释糖蜜,复配一定的氮源物质,调节发酵液的 pH 和添加功能菌株。在发酵过程中,搅拌和补充一定的辅料,以提高目标产物的产出率。

以糖蜜作为碳源,采用功能微生物发酵的方法来制备有机水溶肥料。此法在市场上的主要优点是原料成本低。以甘蔗糖厂为例,副产物糖蜜的平均成本为 800～1 200 元/t。若稀释 50 倍发酵,则可生产约 50 t 的水溶肥原辅料。根据不同的养分需求,可再加工制作大量元素水溶肥料、中量元素水溶肥料和微量元素水溶肥料。以甘蔗糖蜜为原料生产酵母后分离出的有机质发酵液的外观为深褐色液体,含有丰富的氮、磷、钾、钙、铁等无机微量元素以及纤维素、腐植酸、黄腐酸、焦糖等有机物质,经过进一步浓缩后制成有机物料。其氮、磷、钾含量≥10%,有机质含量≥40%,浓度≥50%,可用于生产有机肥料、有机与无机复混肥、生物有机肥、水溶肥料等。该有机物料可提供氮、磷、钾等矿质元素,腐植酸、氨基酸、纤维素等有机质含量高,具有改良土壤的功效。含氨基酸的肥料具有明显的提高产量、改善品质、降低农药残留和保护生态环境的作用,故其在农业生产中发挥着越来越重要的作用。

糖蜜发酵产物具有广泛的应用范围。根据使用目的,糖蜜发酵产物可以作为食品和饲料的添加剂,并具有优质的加工性能。因此,进一步提高制糖工业的经济效益,为糖蜜废弃物的综合利用提供较好的途径,符合国家提倡的循环经济发展的理念。

6.6 蔗渣发酵制备有机肥原料、生物腐植酸、微生物菌剂和生物炭

蔗渣是指甘蔗将蔗汁榨出后剩余的固体废料。目前,90%的甘蔗渣被用作燃料,10%的甘蔗渣被用于造纸以及生产动物饲料等。蔗渣中的半纤维素、纤维素等多糖含量约为50%。对蔗渣进行降解可制备不同的目标产品。由于蔗渣中的纤维素和半纤维素含量较高,木质化程度也较高,因而有着较高的纤维产出率。蔗渣不仅是一种天然高分子材料,还蕴藏着丰富的生物质能,是一种可持续发展的优质生物质原料。

6.6.1 蔗渣发酵制备有机肥原料

蔗渣是一种可再生的农业固体废弃物。有关研究表明,在生猪养殖场地选用蔗渣作为垫料能使垫床温度控制在 40~65 ℃,以保证良好的发酵效果,且有效活菌数达到 0.22×10^9 cfu/g,可以对猪粪便等有机质进行较彻底的消解,因此,蔗渣可以作为一种垫料应用于零排放的漏缝发酵床(图 6-17)。垫料中的总养分达到 1.37%,使用后的垫料还可以作为一种原料用于生产生物有机肥。随着使用时间的增长,垫料中氮、磷、钾含量缓慢增加,垫料在使用后仍可以作为一种原料来生产生物有机肥,以提高其经济价值,降低养殖成本。

图 6-17 蔗渣发酵制有机肥原料

6.6.2 蔗渣发酵制备生物腐植酸

腐植酸是一类广泛存在于土壤、褐煤、泥炭、风化煤、河流、湖泊、海洋和沼泽中的天然有机物的总称。利用工农业废物资源研制的生物腐植酸有别于传统的腐植酸产品,它是由作物秸秆、木屑、蔗渣等农业废弃物通过微生物发酵工艺制取而成,是农用资源化和功能化的一个重要渠道。其重要成分为腐植酸中最具活性的黄腐酸。研究表明,利用蔗渣固态发酵接种特定

功能菌株可产生一定量的黄腐酸,但其在总体上存在着产量较低、产品质量不稳定、机械化程度较低等不足。

6.6.3　蔗渣发酵制备微生物菌剂

微生物菌株固态发酵在生产过程中需要良好的碳源辅料,而蔗渣就是一种理想的原料,满足了微生物功能菌株的低成本繁殖和固态发酵的需求。通常蔗渣既可按照配方比例接种微生物进行直接发酵,也可在微生物发酵后进一步以蔗渣作为载体吸附微生物菌株,以延长目标菌株的存活周期。此外,利用蔗渣生产食用菌也具有一定的应用价值。研究表明,以甘蔗渣为主要原料替代棉籽壳栽培姬松茸。当甘蔗渣所占比例从 15% 到 40%,最后为 50% 时,其对姬松茸的生长仍然具有一定的促进作用。但甘蔗渣量过多会导致菌袋的通气性不良,温湿度容易受外界气候的影响,菌丝的萌发和生长也会受到一定的限制。

微生物菌剂是指含有特定功能微生物活体的制品,可应用于农业生产。通过其所含的微生物的生命活动,增加植物养分的供应量或促进植物的生长,提高产量,改善农产品品质及农业生态环境。微生物菌剂主要由土壤中常见的细菌、放线菌、真菌三大类经分类、筛选获得的功能微生物构成。微生物菌剂主要包括固氮菌剂、溶磷菌剂、解钾菌剂、生防菌剂、促生菌剂和复合微生物菌剂。我国微生物菌剂发展迅速,尤其是复合微生物菌剂在农业生产中的作用强大。微生物菌剂在农业生产中的作用主要有以下几点。

(1)缓解土壤连作障碍　微生物菌剂能够降解前茬作物根系分泌的化感物质,调节土壤微生态环境,增加土壤有机质含量,促进植物生长,提高植物的耐病性,从而缓解作物连作障碍。

(2)改良土壤　有益微生物能产生有机酸、糖类物质。其与植物黏液、矿物胚体和有机胶体的结合可改善土壤团粒结构,增强土壤物理性能和减少土壤颗粒的损失。

(3)提高土壤养分利用效率　功能性复合微生物菌肥中的固氮菌可通过固氮作用提高土壤含氮量;溶磷解钾菌将难以利用的磷、钾释放出来,使之被植物吸收和利用。

(4)提高植物的抗逆性　有益微生物在作物根际与土壤中大量生长和繁殖,成为根际、土壤中的优势菌群,分泌各类抗生素或抑菌物质,从而抑制多种病原菌的生长和繁殖或诱导植物的免疫性能,增加植物对病害的抗性。同时,有益微生物在根际周围活动可增加植物对水分的吸收,提高作物的抗旱、抗涝能力,并能抵御重金属毒害的胁迫。相关研究结果表明,如果施用枯草芽孢杆菌、地衣芽孢杆菌、酵母菌、假单胞菌发酵,生菜的发病率为 5%～8%,对照发病率为 15%～28%;如果施用枯草芽孢杆菌、胶冻样芽孢杆菌、酵母菌和假单胞菌发酵,黄瓜的发病率为 8%～15%,对照发病率为 23%～36%。

微生物菌剂的存活与功能的发挥需要碳源为其提供能量,因此,微生物菌剂与蔗渣的复配可以选择含腐植酸、氨基酸、海藻酸等有机质含量丰富的有机碳源。

6.6.4　蔗渣制备生物炭

生物炭属于黑炭的范畴,是在完全或部分缺氧的条件下将植物生物质经高温、热解、炭化产生的一种高度芳香化难熔性固态物质。生物炭的碳元素含量在 60% 及以上,并含有氢、氧、氮、硫等元素。生物炭具有多级孔隙结构,巨大的比表面积,同时带有大量的表面负电荷和电荷密度。此外,生物炭高度芳香化具有高度的稳定性。其表面含有羧基、酚羟基、羰基、内酯、吡喃酮、酸酐等多种官能团,这使得生物炭具有很好的吸附性能。通过热解炭化方式分别在不同温度下制备蔗渣基生物炭,并对其结构进行表征,同时比较不同炭化温度对生物碳元素组成、表面官能团和表面结构等性质的影响,并使用生物炭对污染土壤的修复开展应用和影响的研究,结果发现,蔗渣生物炭对重金属离子具有良好的吸附作用。在高温下制备的生物炭对有机污染物的吸附主要是以发生在炭化表面的表面吸附作用为主;在低温下制备的生物炭对有机污染物的吸附不仅有表面吸附作用,还包括在生物炭中残存有机质的分配作用。

第 7 章

甘蔗高产高效栽培技术

7.1 选择优质高产甘蔗品种

选择优质高产的甘蔗品种是甘蔗高产高糖的前提和保障。根据不同蔗区的气候、地理条件等综合选择不同甘蔗品种,如选择早熟高糖、耐旱性特强、适应性广、条数多、直立抗倒伏、抗碾压性强等特性的丰产优质甘蔗品种以及适宜全程机械化栽培的甘蔗品种等。以下简述已推广的部分优质高产甘蔗品种及其栽培要点。

7.1.1 粤糖 03-393(粤糖 60)

1. 品种来源

来源于粤糖 92-1287×粤糖 93-159,2011 年通过国家甘蔗品种鉴定委员会鉴定,鉴定编号为国品鉴甘蔗 2011001。

2. 品种特征

中至中大茎,特早熟高糖、宿根性好;萌芽快而整齐,萌芽率高,分蘖力强,全生长期生长稳健,后期不早衰;抗风力强,不易风折和倒伏;宿根蔗发株早而多,宿根性好;成茎率高,有效茎数多,易脱叶,高抗嵌纹病和抗黑穗病;耐低钾胁迫,钾肥施用效果明显,属钾高效敏感型。粤糖 60(图 7-1)的平均蔗产量为 8.1 t/亩,比对照种新台糖 22 号增产 25.31%;平均含糖量为 1.08 t/亩,比对照种增产 10.26%;11 月至翌年 1 月的平均蔗糖分为 15.52%,全期平均蔗糖分为 16.05%,比对照高 0.93%。

3. 栽培要点

①适合中等肥力以上的地块种植。②冬春种植均可,下种量为 6 000 芽/亩。③在配施氮、磷基础上,适当增施钾肥。④在敏感期,钾素可作为追肥施用,适合早期收获。⑤宿根建议早开垄、早防虫和早施肥。

图 7-1　粤糖 03-393(粤糖 60)

7.1.2　粤糖 93-159

1. 品种来源

来源于粤农 73-204×CP72-1210,2002 年 3 月通过广东省农作物品种审定委员审定,编号为粤审糖 2002001。

2. 品种特征

中至中大茎,特早熟,高糖,丰产性能好,农艺性状优良;萌芽率高,分蘖力强,前、中期生长快;有效茎数多,茎径均匀,易脱叶,无水裂,无气根,宿根性强,不易风折和倒伏;高抗黑穗病、嵌纹病。粤糖 93-159(图 7-2)的新植蔗、宿根蔗平均亩产蔗量为 6.85 t,亩产糖量为 1.06 t,比新台糖 10 号增产蔗 15.4%,增产糖 28.9%;11 月至翌年 1 月的平均蔗糖分达 15.96%,比新台糖 10 号高 1.69%。其技术经济指标在我国同类研究中达领先水平。

3. 栽培要点

①适合中等肥力以上的地块种植,适宜机械化种植。②适当增施磷钾肥及硅镁肥,对除草剂比较敏感,苗期除草要注意除草剂的选择,防止产生药害。③冬春种植均可,宿根性好,宿根发株早而多。

7.1.3　粤糖 00-236

1. 品种来源

来源于粤农 73-204×CP72-1210,2010 年通过国家甘蔗品种鉴定委员会鉴定,编号为国品鉴甘蔗 2010002。

2. 品种特征

中至中大茎,蔗茎均匀;萌芽快而整齐,萌芽率高;分蘖力强,全生育期生长稳健,后期不早衰;原料茎数多,无 57 号毛群,易脱叶,无水裂,无气根,抗风力强,不易风折和倒伏;宿根蔗发株早而多,宿根性特好。粤糖 00-236(图 7-3)属于特早熟、高产高糖品种。

图 7-2 粤糖 93-159

图 7-3 粤糖 00-236

3. 栽培要点

①适合广西、云南、广东蔗区低海拔、中等肥力旱地和水旱田栽培,适宜机械化种植,宜冬植,种植时覆盖地膜。②出苗率高,宜疏播种植,亩播苗 4 600 芽左右。③在肥料施用上,实行氮、磷、钾配施,避免偏施、重施氮肥。④宿根蔗宜采用糖蜜酒精废液还田,在喷施后用糖蜜酒精废液覆盖,降解除草地膜。

7.1.4 粤糖 03-373(粤糖 61 号)

1. 品种来源

来源于粤糖 92-1287×粤糖 93-159,广东省生物工程研究所(广州甘蔗糖业研究所)选育,审定编号为国品鉴甘蔗 2011001。

2. 品种特征

中大茎,节间圆筒形,无芽沟;遮光部分为浅黄白色,露光部分为浅黄绿色;蜡粉带明显,蔗茎均匀,无气根。芽体中等,卵形,基部离叶痕,顶端不达生长带;根点 2～3 行,排列不规则。叶片长度中等、宽度中等,心叶直立,株形较好;叶鞘遮光部分为浅黄色,露光部分为青绿色;易脱叶,57 号毛群较发达,内叶耳较长,呈枪形;外叶耳呈三角形。甘蔗品种萌芽好,分蘖力强,前期生长略慢,中后期生长较快,应早种早管;植株中高,蔗茎均匀,有效茎数多,易脱叶,无气根;较粗,耐旱,抗黑穗病,不易风折和倒伏;宿根蔗发株早而且多,可保留 1～2 年宿根,适宜在我国南方蔗区肥水条件中等或中等以上的旱坡地、水旱田(地)推广种植。粤糖 61 号(图 7-4)为较早熟的高糖品种,平均蔗糖分为 15.42%,11 月份蔗糖分达 14.26%,1 月份蔗糖分达 16.35%。其抗病虫害能力较强,大田自然感染结果未见严重病害;人工鉴定结果为黑穗病的抗性级别为 2 级,抗性反应型抗病折。

图 7-4　粤糖 61 号

3. 栽培要点

①适宜在广东省粤西、粤北蔗区中等或中等以上地力的旱坡地、水旱田(地)种植;②前期生长略慢,中后期生长较快,植株中高,以冬植为宜,以下种 45 000 段左右双芽苗为宜;下种时应用 0.2% 的多菌灵药液浸种,消毒 3～5 min,以防凤梨病,冬植或早春植覆土后应加盖地膜以达到保温、保湿目的;③因本品种宿根发株早而多,宿根性强,故应早防虫、早施肥,并宜保留 1～2 年宿根,以提高甘蔗种植效益;④在肥料施用上应氮、磷、钾合理配施,避免偏施、重施氮肥;⑤尽量使用芽前除草剂。在使用芽后除草剂时,应避免大药剂量直喷心叶,以防药害。

7.1.5　桂糖 42 号

1. 品种来源

来源于新台糖 22 号×桂糖 92-66，由广西农业科学院甘蔗研究所选育。

2. 品种特征

植株高大，株形直立、均匀，中大茎种，蔗茎遮光部分为浅黄色，曝光部分为紫红色，实心；节间圆筒形；节间长度中等；蜡粉厚；芽沟不明显；芽菱形，芽顶端平或超过生长带；芽基陷入叶痕；芽翼大；叶片张角较小；叶片为绿色；叶鞘长度中，易脱落；内叶耳呈三角形，外叶耳无；57 号毛群短、少或无。桂糖 42 号的丰产稳产性强，宿根性好，适应性广，发芽出苗好，早生快发，分蘖率高，有效茎多，抗倒、抗旱能力强，高抗梢腐病。

3. 栽培要点

①适宜在土壤疏松、中等以上肥力的旱地种植。②在播种时除了应保持蔗种的新鲜度外（采后 15 d 以内下种），还应选择有蔗叶包住的上部芽作种，以提高萌芽率和蔗苗质量。亩下种量为 7 500 芽，行距最好以 0.9～1.2 m 为宜。如果下种后覆盖地膜，就能显著提高甘蔗产量。③应施足基肥，早施肥，氮、磷、钾肥配合施用，有机肥与无机肥配合施用。④注意防治病、虫、草、鼠害。⑤宿根蔗要及时开垄松蔸。⑥在中等以上管理水平的蔗区可以适当延长宿根年限。

7.1.6　桂柳 05-136（柳城 05-136）

1. 品种来源

来源于美国甘蔗品种 CP81/1254（CP72/1210×87P8）×新台糖 22 号，由柳城县甘蔗研究中心选育。

2. 品种特征

柳城 05-136（图 7-5）植株高大，株形紧凑适中，中到大茎，蔗茎直立均匀。芽体中等，圆形，下部着生于叶痕，芽尖到生长带，芽翼下缘达芽 1/2 处，芽孔着生于芽体中上部，根点 2 列；根带紫红色，生长带黄绿色。节间呈圆筒形，茎的遮光部分为黄绿色，露光部分为紫色，蜡粉多，芽沟浅。茎实心，有浅生长裂纹（水裂纹）。叶姿挺直，叶为色青绿，叶鞘为紫红色，57 号毛群多。内叶耳为三角形，易脱叶。

3. 栽培要点

①种植行距以 100～120 cm 为佳，亩下种以 3 000 段左右双芽苗为宜。下种时最好用 0.2% 的多菌灵药液浸种，消毒 3～5 min，以防凤梨病。同时，种植时应施药以防治地下害虫，覆土后加盖地膜以达到保温、保湿目的。②氮、磷、钾合理配施。不仅要避免偏施、重施氮肥，也要保证有充足的磷肥。施肥时间尽可能早，新植蔗应在 5 月下旬施肥，宿根蔗在 4 月中旬施肥。③早防虫、早施肥，并宜保留 3 年以上宿根，以提高甘蔗的种植效益。④田间管理要及时、到位。⑤该品种拔节生长速度快，要做好甘蔗螟虫防治。

图 7-5　桂柳 05-136

7.1.7　桂糖 21 号

1. 品种来源

来源于赣蔗 76-65×崖城 71-374。由广西甘蔗研究所育成,2005 年通过国家甘蔗品种鉴定委员会审定。

2. 品种特征

植株直立、高大,株形紧凑。蔗茎为中至中大茎,节间呈圆筒形,茎为浅黄色,曝光后为浅紫色。茎无生长裂缝,无芽沟,蔗茎小空心,根带 3～4 列,排列不规则;为芽圆形,微凸,芽体中等,芽基稍离叶痕,芽上端未达生长带;叶片为青绿色,宽度中等,叶片较厚短,新叶直,老叶伸展角度较大,较易脱叶;叶鞘为浅紫色,覆盖白色蜡粉,无 57 号毛群。该品种萌芽率高,分蘖力中等,宿根发株中等,抗旱性强,高抗嵌纹病和梢腐病,中抗黑穗病;早熟,高糖高产,稳产,宿根性强,适应性广。

3. 栽培要点

①亩下种量以 7 000～7 500 芽为宜。②在新植蔗播种后以及宿根蔗破垄松蔸后,覆盖地膜能提高萌芽出苗率和宿根发株数。③在种植时施足基肥,出苗后适时追肥,氮、磷、钾配合施用。④生长前期注意防治螟虫,减少螟害,及时除草;中后期注意防治棉蚜虫和鼠害。

7.1.8　桂糖 29 号

1. 品种来源

来源于崖城 94-46×ROC22。

2. 品种特征

植株直立、紧凑,中茎;节间为圆筒形,芽沟浅或不明显,遮光部分为黄绿色,露光久为紫红色;芽为卵圆形,凸起,芽基离开叶痕,芽尖不超过生长带;内叶耳为过渡形态;57 号毛群少,易剥叶。该品种萌芽率高,分蘖力极强,有效茎多,抗旱、抗寒性强,高产高糖,高抗黑穗病,其宿根能力明显强于新台糖 22 号。

3. 栽培要点

①保护蔗芽。②降低下种量,春植亩下种量为 4 500～5 000 芽(400～500 kg/亩)。③增加前期和中期的施肥比例。前期和中期的施肥量应比一般品种增加 30%,后期可相应减少 30%。④提早培土,以减少无效分蘖。⑤早春种植。⑥该品种宿根年限可达 5 年以上,下种前应深开植沟(25～30 cm),以防在多年宿根后,蔗茎入土过浅而倒伏。⑦适宜在中等至中上肥力的旱坡地种植,注意防倒、防鼠。⑧秋季砍收宿根或秋植蔗易感染褐条病,多湿季节应加强对该病的防治。⑨在有机械化作业条件的蔗区,特别适合采用机械化播种、中耕施肥和收获,以减轻劳动强度,提高生产效益。

7.1.9　云蔗 05-51

1. 品种来源

来源于崖城 90-56×新台糖 23 号,由云南省农业科学院甘蔗研究所选育。

2. 品种特征

实心,叶片绿,长度、宽度均中等,57 号毛群少或无;芽为菱形,芽体中等大小,芽沟浅,不明显,芽翼中,芽尖超过生长带,芽基与叶痕相平;根带适中;叶尖下垂;内叶耳为三角形,外叶耳缺。节间曝光前为黄绿色,曝光后为紫色,肥厚带颜色为黄绿色。

3. 栽培要点

①种植行距以 1.1～1.2 m 为宜,亩下种量以 7 500～9 000 芽为宜,旱地蔗可适当增加下芽量。②旱坡地种植应采用深沟槽植板土栽培,以有效利用土壤深层水分。冬植或早春植需要采用地膜覆盖栽培。③苗期早追肥,生长中期施足攻茎肥,适当高培土,防止后期倒伏。④加强宿根管理。⑤加强对病虫草害的防治。苗期注意防治枯心苗;生长期注意防治蓟马。

7.1.10　云蔗 08-1609

1. 品种来源

来源于云蔗 94-343×粤糖 00-236,由云南省农业科学院甘蔗研究所选育。

2. 品种特征

出苗整齐且壮,苗期长势强,成茎率高,蔗茎均匀整齐,株形紧凑,叶片清秀,脱叶性较好,宿根性强,株高较高(255 cm),中大茎(2.7 cm),单茎重实(1.58 kg)。11—12 月平均糖分为 14.38%,翌年 1—3 月平均糖分为 16.58%,11 月至翌年 3 月全期平均糖分为 15.7%,纤维含量为 10.29%。高抗花叶病,5 级中抗黑穗病,抗旱性强。早熟,高产高糖,宿根性强,属耐贮性品种。

3. 栽培要点

①中大茎种,种植行距以 1～1.2 m 为宜,亩下芽量以 8 000 芽为宜。②施足基肥,早施追肥,以满足品种前期生长快的需要,同时加强中耕管理,水田适当高培土,防止后期倒伏。③旱坡地种植应采用深沟槽植,板土栽培,以有效利用土壤深层水分,冬植或早春植需要采用地膜覆盖栽培。④加强宿根管理,前季蔗砍收后,应及时清理蔗田。

7.1.11　中糖1号

1. 品种来源

来源于粤糖99-66×内江03-218,由中国热带农业科学院热带生物技术研究所选育。

2. 品种特征

出苗整齐均匀,分蘖好,植株高,中大茎;脱叶性好,叶片浓绿,有效茎多。当年11—12月蔗糖含量为11.73%,翌年1—3月蔗糖含量为12.49%,纤维含量为12.95%。感黑穗病,中抗花叶病,耐寒性强,耐旱性强,不抗倒伏。

3. 栽培要点

①种植行距1.2 m为宜,亩下种量为3 000~3 500个芽。②种植时,施足基肥,加强水肥管理,早施追肥,防田间积水,适当高培土,防止后期倒伏。③加强宿根管理,收获后,宿根蔗早开垄,松苑,以促早生快发。④需要地膜覆盖栽培。⑤适宜在华南沿海品种生态区、海南省琼北蔗区冬季或早春种植。

7.1.12　新台糖22号(ROC22)

1. 品种来源

来源于新台糖5号×69-463。由台湾糖业研究所育成,经福建农林大学、广西甘蔗研究所、广州甘蔗糖业研究所共同引进,2002年4月通过国家甘蔗品种鉴定委员会审定(国审糖2002010)。

2. 品种特征

早熟、丰产、高糖,萌芽良好,分蘖力强,易脱叶,耐旱力强。抗露菌病、叶枯病、叶烧病及黄褐锈病,中抗花叶病,对甘蔗棉蚜的反应为中等。对梢腐病、蓟马的抗性较差。新植生长较旺盛,叶色为青绿,成茎率较高,高产稳产。宿根发株一般,易感染黑穗病。耐寒性较差,不适宜在有严重霜冻危害地区种植。

3. 栽培要点

①选择粤西、琼北、桂中南和滇西南等无霜冻危害的坡地、水田、洲地和水浇旱地种植。沿海常有台风吹袭的地方要尽量少种。②亩下种量以3 000~3 500段双芽苗为宜,亩有效茎数为5 500~6 000条。③宿根发株时好时差,应注意补苗,早进行开畦、松苑、施肥、施药等田间管理,以延长宿根栽培年限。④施足基肥,并适当增施钾、镁、硅等肥料,注意防治蓟马、螟害、黑穗病和梢腐病。

7.1.13　新台糖16号(ROC16)

1. 品种来源

来源于F171×74-575。由台湾糖业研究所育成,经广东省农科院作物所、广东省农业厅经作处、广东省农业科技交流服务中心、广西农业厅、福建农林大学和广西甘蔗研究所共同引进,2002年4月通过国家甘蔗品种审定委员会审定(国审糖2002009)。

2. 品种特征

早熟,丰产,高糖;萌芽整齐,分蘖力强,有效茎数多,宿根性强,成熟后期糖分不降低;抗嵌纹病、黑穗病,高温多湿的季节易感染褐斑病和梢腐病,耐旱性中等。

　　3. 栽培要点

　　①适宜在桂中南、滇西南优势产区水田、洲地和水浇旱地等各种土壤类型推广和应用。②可适当减少下种量,适当延迟大培土时间,增加分蘖成茎率。③宿根蔗提早管理,早开垄,松蔸,早施肥,促进发株。④注意前期、中期的田间管理,施足基肥,重视前期、中期的追肥,注意抗旱栽培。

7.2　健康种苗生产技术

　　甘蔗属于无性繁殖作物。品种在大规模应用后因宿根矮化病和甘蔗花叶病等病源的积累,种性容易退化,造成减产。其中蔗茎产量减产可达 10%,有的蔗茎产量甚至高达 50% 左右。甘蔗健康种苗可以使甘蔗优良品种的种性得以保持,故甘蔗健康种苗的推广和应用是防治甘蔗花叶病和宿根矮化病的主要技术之一。同时,甘蔗健康种苗是解决甘蔗宿根年限短、生产成本高的重要途径,也是甘蔗提质增效的基础。建立健康的种苗快速繁育体系,甘蔗健康试管苗的大规模生产和推广可以极大地延长甘蔗宿根年限,节约生产成本,提高甘蔗产量和品质。甘蔗健康种苗技术主要操作步骤如下。

7.2.1　种茎处理

　　将甘蔗蔗茎砍斩成单芽或双芽段,洗净后,用 5 mg/mL 50% 多菌灵可湿性粉剂溶液浸泡 10 min;再将蔗茎置入 52~55 ℃ 的热水中浸泡 30 min;用灭菌的基质填埋种茎,在温度 38 ℃ 的自然散射光下培养,保持基质的润湿;待培养 7~10 d,腋芽生长到可见 1~2 片叶时,停止浇水。在齐种茎与腋芽的连接部切取腋芽,剪掉顶端叶片,用橡皮筋捆扎后,置于烧杯,加入 5 mg/mL 50% 多菌灵可湿性粉剂溶液浸泡处理 25~30 min 后取出,流水冲洗 5 min。

7.2.2　茎尖诱导培养

　　剥除腋芽外围叶鞘,留下 6~7 cm 长的心叶小段;心叶小段经 70% 的乙醇溶液 30~45 s 浸泡消毒,再用 0.1% L 汞溶液浸泡 25~30 min 表面消毒,无菌水冲洗 3~4 次,每次 3~5 min;小心剥离幼嫩心叶和叶鞘,切下茎尖分生组织,放在无菌水中浸泡 20 min 后,接种于 1/2 MS+1 mg/L 6-BA 培养基,为避免交叉污染,每瓶最好只接种 1 个茎尖。培养瓶在自然散射光或光照度控制为 1 000~2 000 lx(光照时间 12 h/d),相对湿度为 65%~75%,室温为(28±1)℃ 的条件下培养 30~40 d。在培养期间,如果外植体或培养基有褐化变色,宜将茎尖转移至瓶内培养基其余未接种部位,以促进生长。

7.2.3　增殖培养

　　取茎尖诱导培养获得的小苗,切除底部变褐的组织,剥除外围老叶,如有侧芽长出,则切开,所有苗/芽接种于 MS+1 mg/L 6-BA 培养基,每瓶接种 3~5 颗苗/芽或将 5~10 颗苗/芽置于液体培养瓶,培养液为 MS 或 3/4 MS+0.5 mg/L 6-BA,每 2 h 浸没无菌苗 3 min。增殖培养条件为光照度 2 000~2 500 lx,光照时间 16 h/d,相对湿度 65%~75%,室温(28±1)℃。继代培养 2~4 周更换培养基或培养液,且去除老叶及褐化的组织,接种每丛芽数为 3~4 个,每瓶接种 2~3 丛,继代次数不宜超过 10 次。

7.2.4 生根诱导

选取长有 3~4 片绿叶(茎高 2~3 cm)的健壮瓶苗,1~2 株分为一丛,接种于 1/2 MS+1 mg/L NAA 培养基,每瓶接种 3~5 丛苗或将 5~10 丛苗置于液体培养瓶,培养液为 1/2 MS+1 mg/L NAA,每 8 h 浸没无菌苗 1 min。生根诱导培养条件为光照度 2 000~2 500 lx,光照时间 16 h/d,相对湿度 65%~75%,室温 26~28 ℃。一般 15~20 d 可以诱导长出健壮的根。

7.2.5 炼苗移栽

固体培养诱导生根的健壮苗置于室温炼苗 5~10 d 后取出幼苗,利用 5 mg/mL 50% 多菌灵可湿性粉剂与 5 mg/mL 代森锰锌混合液浸泡处理 25~30 min,洗净瓶苗根部黏附的培养基。植入装有基质的穴盘,避免阳光直射,早晚各浇透水 1 次,保证基质湿润。成活后移栽至温室或大田进行繁育。

7.3 地膜覆盖栽培技术

地膜类型可分为普通地膜、光降解地膜和生物降解地膜等(附录Ⅱ)。地膜覆盖已成为提高农作物产量和品质的重要手段。地膜覆盖栽培有利于土壤保温、保湿、保肥。在冬春季低温干旱时期,它能为甘蔗生长提供一个温暖、湿润的环境,从而有效促进甘蔗提早萌芽,提高出苗率,增加有效茎数,延长甘蔗有效生长时间,达到增产、增糖的目的。地膜覆盖栽培是旱地甘蔗重要的增产栽培措施(附录Ⅲ)。

地膜覆盖方式可分为半覆盖和全覆盖:半覆盖即只覆盖植蔗沟;全覆盖即蔗地全部用地膜完全覆盖。半覆盖多采用宽为 40~50 cm 的地膜,进行植蔗沟覆土;全覆盖多采用宽为 1.5~2.0 m 的地膜。

7.3.1 新植蔗地膜半覆盖栽培技术

土壤建议深耕深松、精细耕深 40 cm 以上,做到深、松、细、平。种苗要求切口平整、无病虫害、芽饱满、表面光滑无裂痕,梢头苗砍去顶端生长点,用 50% 的多菌灵 500 倍液或 70% 的甲基托布津 800~1 000 倍液浸种消毒 3~5 min。

施肥模式为一基一追两次施肥,同时可施用安全、高效的农药。推荐基肥:每亩施有机肥(总养分为 6%~8%)200 kg+专用基肥(12-20-13)20~25 kg+硫酸镁肥(MgO 含量约为 16%)10 kg;有条件地区可适量增施硅肥,其推荐追肥:每亩施专用复合肥(17-10-18)80~100 kg+尿素 20 kg。

在防治病虫草害方面,可使用敌百虫与克百威、阿维菌素与辛硫磷或辛硫磷等药剂 3～5 kg/亩撒施于植蔗沟,以防金龟子等地下害虫。施用方法可与化肥一起施用。甘蔗种苗放好后,宜浅盖土。如果土壤潮湿,则可以不浇水;如果土壤干燥,则需要淋透一次定根水。待土壤不黏脚时,喷除草剂,每亩使用莠去津 200～250 mL 或阿灭净 100～130 g,兑水 60 kg,对表土均匀喷施。如果部分蔗区已开始使用除草地膜,则可不用喷施除草剂。

在种植沟排完种苗,施下肥料和农药后,在泥土湿润的情况下,采用的宽度为 35～45 cm,具有除草功能的降解地膜覆盖植沟。如果采用普通地膜,则应在植沟面喷洒除草剂,后期需要适时揭膜,可使用覆膜施肥一体机或采用传统牛拉盖膜方式(图 7-6)进行地膜半覆盖。盖膜作业宜选在无风天气进行。膜要拉紧并紧贴畦面,膜两边要用碎土盖实,防止刮风吹开地膜。如发现地膜被风吹开,要及时重新盖好,以免降低盖膜的效果。如蔗苗萌发未能穿透地膜,可将膜戳个小洞弄穿,把蔗苗引出膜外,但穿孔不要太大,以免影响地膜的保温、保湿效果。为充分发挥地膜的作用,盖膜时间可适当延长至甘蔗培土或雨季来临时揭膜。应将残膜收拾干净,清洗后回收,以免污染土壤。降解地膜则不用揭膜。

图 7-6　覆膜施肥一体机与传统牛拉盖膜(半膜)

7.3.2　新植蔗地膜全覆盖栽培技术

新植蔗地膜全覆盖的整地以及种苗处理与地膜半覆盖栽培技术相同。全膜覆盖要求施足肥料和施药防虫。在地膜全覆盖栽培模式下,一般采用一次性施肥方法,要保障甘蔗整个生育期的养分需求。例如,根据甘蔗目标产量 6.5 t/亩对养分的需求,施用甘蔗专用长效复混肥,$N:P_2O_5:K_2O$ 养分配比为(20～23):(8～10):(13～16);施用量为 120～150 kg/亩;杀虫剂选用杀单·毒死蜱,用量为 8～15 kg/亩。由于这种植方式一次性施肥用量较大,故应避免蔗种和肥料的直接接触,同时,肥料不要选择缩二脲含量较高的肥料,以免影响甘蔗出苗。

在种植沟排完种苗、施下肥料和农药后,在泥土湿润的情况下,选用宽度为 150～200 cm的甘蔗专用除草地膜对蔗田进行覆盖,覆盖方向与种植沟垂直,地膜紧贴土表(图 7-7),两块地膜之间重合 5 cm 左右,并用碎土压实。如果整个蔗田全覆盖,每亩地膜用量约为 6.0 kg。新植蔗地膜全覆盖栽培生长表现如图 7-8 所示。

图 7-7　全田覆膜与垄方向垂直覆盖

图 7-8　新植蔗地膜全覆盖栽培生长表现

7.3.3　宿根蔗地膜覆盖栽培技术

为了发挥宿根蔗在冬季覆盖地膜后能提早萌发生长的优势,应对要留宿根的蔗田适当安排早砍收。收获时切口要平齐,并把所有露出畦面的秋冬蔗笋齐地面斩去,以防止蔗头刺穿地膜。在前植蔗砍收、粉碎蔗叶、砍平蔗桩和破垄松蔸后,将粉碎的蔗叶、农家肥、化肥和防地下害虫的农药施于蔗蔸后,再覆土。如果土壤过于干燥,则必须灌水,然后喷除草剂,并立即盖膜(方法与新植蔗相同)。

地膜半覆盖采用宽度为 45~50 cm,厚度尽可能薄的地膜单行覆盖,每亩用膜量为 3.5 kg 左右。地膜半覆盖可采用一基一追肥料施用方法,地膜全覆盖采用一次性施肥方法,施肥量可参照新植蔗并做适当调整。为避免切口感染病菌侵害蔗芽,可在松蔸后用有效成分 0.2% 多菌灵药液喷洒蔗头一次。若发现有断垄,可直接用同一品种的蔗种补植。如采用普通地膜覆盖,盖膜前还要喷除草剂,以防止膜内杂草生长。如采用甘蔗专用除草地膜覆盖,则可以直接盖膜。为了满足宿根蔗萌发生长对水分的需求,应在雨后或灌淋水后泥土仍然湿润时覆盖地膜,以发挥地膜保水、保湿的作用。宿根蔗地膜全覆盖栽培(图 7-9)选用宽度为 150~200 cm

的甘蔗专用除草地膜对蔗田进行覆盖,每亩地膜用量约为 6.0 kg。部分蔗区采用膜宽为 1.8 m 的地膜全覆盖。实践结果表明,其增产、增糖、增收效果显著。

图 7-9　宿根蔗地膜全覆盖栽培

7.4　甘蔗轮间套作栽培技术

7.4.1　甘蔗间套作栽培技术

1. 间套作栽培技术的主要方式及优点

甘蔗种植行距宽,苗期生长缓慢。下种至封行期的春植蔗有 3~4 个月的露地时间,冬植蔗及秋植蔗的时间更长。在封行前,地表裸露造成大量的光热资源浪费,而大豆等矮秆作物则可以有效利用光能,获取比单一种植更高的经济效益。

我国蔗区主要间套作方式有甘蔗间套种大豆、甘蔗间套种花生、甘蔗间套种西瓜、甘蔗间套种玉米和甘蔗间套种蔬菜等。

春植蔗的生长期比秋植、冬植蔗短,特别是在常年有霜冻的地区,故春植蔗在下种期一般要延长至 3—4 月,适合间套种一些冬种春收及早夏收的作物。其中,间套种豆科作物和绿肥植物是一种比较理想的间套种方式,如大豆、花生、绿豆是最常见的蔗田间套种作物。

甘蔗与其他作物合理间套种是一种高产高效的种植方式。这样可以构成多作物、多层次、多功能的甘蔗复合群体,光能、养分利用率、甘蔗产量和土地利用率可以得到提高。同时,间套作可以提高土壤肥力,改良土壤理化性状。蔗田合理间套种以及蔬菜、大豆、花生、西(甜)瓜等作物。利用收获后的间套种作物的青叶、茎秆回田可增加土壤有机质和氮、磷、钾等营养含量,以促进土壤微生物的生长,改善土壤团粒结构,达到用地、养地的目的。由于间套种改变了作物群体,改善了田间小气候,如蔗田间套种绿肥、豆类、蔬菜等可提早覆盖蔗田,起到防旱保水、减少土壤水分蒸发的作用,同时也可以减轻病虫、杂草危害和其他自然灾害,从而实现稳产保收。

2. 甘蔗间套种大豆

甘蔗的幼苗期为 100 d,中熟大豆的生育期为 90 d 左右。在甘蔗间作系统中,甘蔗与大豆属于不同科属,其地上部的空间分布、根系深浅和生育期各不相同,且甘蔗种植行距宽,苗期生长缓慢,叶面积系数小,对水分、养分的要求不高。甘蔗间套种大豆模式应依据甘蔗、大豆的生物学特性和共生互利的原则,整合利用土地资源和光热资源,集约利用时间和空间,以提高单位面积产量,获取最高的经济效益和生态效益。在此间套种模式下,应重点考虑大豆株型、熟期问题,以防间套种而影响甘蔗的正常耕作。间套种的方式可以采用隔行间套种或每行间套种的模式。广东省湛江市的冬植、春植蔗田适合间套种的大豆品种以中熟品种为主,如华春 2号、华春 5 号等;有霜冻蔗区应选用早熟大豆品种,如华春 6 号等;海南蔗区可选用中晚熟大豆品种,如华春 1 号等。为了减少间套种大豆后可能对甘蔗生长产生的影响以及为了方便田间生产管理,可在蔗行中隔行间套种大豆。这种隔行间套种大豆模式对不间套种大豆的蔗行可以按正常的生产进行田间管理,包括中耕、施肥和培土等。甘蔗间套种大豆在不同时期的生长表现如图 7-10 所示,甘蔗与大豆的不同种植模式效益分析参见表 7-1。

图 7-10　甘蔗间套种大豆在不同时期的生长表现

表 7-1　甘蔗与大豆的不同种植模式效益分析

种植方式	产量/(kg/hm²)	产值/(元/hm²)		总收入
	甘蔗	甘蔗产值	大豆产值	/(元/hm²)
单作甘蔗	5 260	2 893	0	2 893
间作	5 385	2 962	362	3 324

3. 甘蔗间套种花生

花生是丛生型作物,苗矮;甘蔗是高秆作物,直立,生长期长。利用两者植期时间差及苗期生长的空间进行间套种,即在已备好的春植蔗地,先种植花生,后种植甘蔗,便多了花生的经济收入。甘蔗地间套种花生(图 7-11)实现了蔗地的生物多样性,利用甘蔗封行前的 $100\sim120$ d,充分利用了自然资源,提高了土地利用率和复种指数,增加了经济效益。甘蔗与花生间套种一般采用 1 行甘蔗间套种植 2 行花生。在生产上,由于花生生育期较长,春植花生一般在 8 月收获,故在一定程度上影响了甘蔗的中耕管理。

图 7-11　甘蔗间套种花生

4. 甘蔗间套种西瓜、玉米

甘蔗间套种西瓜既能提高土地综合利用率,又能实现资源共享。除避寒、保温,让西瓜的种植季节提前外,甘蔗间套种西瓜还可以保水、保肥,实现地膜、水、农药、化肥等资源以及田间管理的共享,减少水肥流失,充分利用了土地及光热资源。甘蔗间套种西瓜的间作地宜选择排灌方便、土壤地力高的沙壤土。

玉米与甘蔗间套种在一定程度上存在着争光、争肥现象。甘蔗和玉米的生长特性有所不同,其生育期与生长速度差异较大。甘蔗的生育期长且前期生长缓慢,而玉米的生育期较短且前期生长快。两者间套种可在一定程度上互补。由于甘蔗行距较宽,在拔节前的长时间内行裸露,水分易蒸发和散失,杂草滋生,因此可利用玉米前期生长快等特性来提高光能和土地利用率,以增加复种指数,增大土地覆盖面,增强土地生产力。图 7-12 为甘蔗间套种西瓜、玉米。

5. 甘蔗间套种蔬菜

甘蔗间套种蔬菜宜选择矮秆、生育期短、生长势强的浅根型作物,且尽量缩短与甘蔗的共生期,并在 6 月上中旬甘蔗大培土以前收获结束,以免影响甘蔗的大培土及其生长。间套种作物宜选择辣椒、番茄、茄子、本地小黄瓜、马铃薯、矮生菜豆、莴苣等(图 7-13);间作地宜选择靠近城郊、排灌方便、土壤地力高的蔗地。

图 7-12　甘蔗间套种西瓜、玉米

图 7-13　甘蔗间套种辣椒、马铃薯

6. 间套种栽培技术的注意事项

（1）冬植蔗田（包括宿根蔗）的间套种　冬植蔗的植期较早，苗期田间遮蔽少，非常适合间套种甘薯、花生、豌豆、马铃薯、蔬菜等一些矮秆、生育期短的作物。宿根蔗一般是在榨季早期收获，故收获后也可间套种大豆、马铃薯、蔬菜等作物。冬植蔗田（包括宿根蔗）间套种的原则是茬口安排互补，前后茬合理搭配；作物互补，高矮秆搭配、直根系须根系搭配；时间空间互补；减少光能的损失，提高土地、温度、光照的利用率。

（2）坚持以糖为主，兼顾其他作物　甘蔗不仅是一种重要的糖料作物，而且是能源、纤维、糖基化工和饲料的原料，尤其是其可作为再生能源作物被利用。因此，在间套种时必须在确保甘蔗高产高糖的前提下间套种其他作物，以提高蔗田的综合经济效益，避免间套种的主次不分。

（3）因地制宜，合理选择间套种模式　不同蔗区要根据当地气候特点及种植习惯选择与甘蔗间套种的作物，避免间套种影响甘蔗产量。同一蔗区要根据不同类型的蔗田选择相应的作物进行间套种，如水肥条件好的蔗地可选择间种西瓜、蔬菜等价值高的作物；旱坡地则应选择适合旱坡地的大豆、花生等作物。

7.4.2　甘蔗轮作栽培技术

轮作是指同一块地在不同时期轮换种植不同作物的一种栽培方式，是世界各国普遍采用的农田用养结合、提高土地利用率的一项重要措施。轮作遵循"高产高效，用地养地，协调发展，互为有利"的原则，充分发挥轮作的效用，以获得最高的经济、社会和生态效益。

蔗区主要的轮作方式有水—旱轮作和旱—旱轮作。水—旱轮作一般为甘蔗与水稻轮作，茬口安排为种植一轮甘蔗（一年新植，2～4 年宿根），在甘蔗收获后，种植 1～2 季水稻。在水稻—甘蔗轮作下，甘蔗的生长表现参见表 7-2。旱—旱轮作主要有甘蔗与豆科作物（大豆、花生等）、菠萝、西瓜、甘薯、木薯及蔬菜等作物轮作。在菠萝—甘蔗轮作下，甘蔗的生长表现参见表 7-3。轮作的优点主要有以下几方面。

表 7-2　水-旱轮作下甘蔗生长表现(水稻—甘蔗轮作)

耕作方式	株高 /cm	茎径 /cm	有效茎 /(株/亩)	产量 /(t/亩)	增产率/%
轮作	296	2.91	3 950	7.4	
连作	275	2.76	3 721	6.1	21.3

表 7-3　旱-旱轮作下甘蔗生长表现(菠萝—甘蔗轮作)

耕作方式	株高 /cm	茎径 /cm	有效茎 /(株/亩)	产量 /(t/亩)	增产率/%
轮作	259	2.5	4 201	6.3	
连作	248	2.41	4 113	5.4	15.2

(1)改善土壤理化性状,提高土壤肥力　甘蔗是一种产量高、需肥多的作物。长期连作不仅地力消耗大,还会使土壤养分种类和比例失调。合理轮作既能提高土壤肥力,又能调节土壤养分种类和比例,促进甘蔗生长。例如,甘蔗与豆科作物轮作,种植黄豆、绿豆、花生等作物或豆科绿肥植物既能固定空气中的氮素,又能吸收和利用土壤中难溶解的磷、钾和土壤深层的养分。豆科作物及绿肥植物的残根、残茎和落叶等回田后还能增加土壤有机质和养分。豆科作物和绿肥植物从土壤中所吸收的养分又与甘蔗不尽相同,故而有利于调节土壤养分种类和含量比例。甘蔗与水稻等作物的水—旱轮作有利于提高土壤磷的利用效率。

(2)改良和恢复土壤结构　如果蔗田轮种豆科作物,豆科作物就能通过分泌一些有机酸而把土壤难溶解的养分释放出来,土壤的钙就能与腐殖质中的胡敏酸结合形成胡敏酸钙。水—旱轮作有利于土壤结构的形成。土壤结构的形成除了要求有一定数量的黏粒和有机质外,也需要干湿交替的土壤条件,故水—旱轮作可使土壤变松,耕性变好。

(3)调节土壤微生物的活动　土壤微生物的种类和数量与作物种类有关。不同作物的根系分泌物、不同的根系的种类和分布会影响微生物的种类、数量和活动。因此,合理的轮作既可调节和促进土壤中有益微生物的活动,土壤肥力得到恢复和提高,又可抑制有害微生物的活动,从而减少或消除由土壤带菌而造成的甘蔗病害。

(4)减少虫害和杂草为害　合理轮作是综合防治病虫害和草害的重要措施之一。因为各种病菌和害虫对环境条件的要求不同,侵染的途径和生活习性也有差异。合理的轮作可使其因失去寄主或改变环境条件而死亡。例如,蔗龟等地下害虫通过水—旱连作就能使之得到有效的防治。又如,蔗田中的疳草是一种寄生性杂草。连作的蔗田由于甘蔗根系分泌的戊糖而诱致疳草为害的产生。若轮种一些根系不会分泌戊糖的作物,则疳草就会因失去寄主而死亡。

(5)减少土壤中有毒物质的积累与毒害　蔗叶腐烂分解会产生甲醇、乙醇、E-丙醇、E-丁醇、对香豆酸、香草酸、丁香酸、甲酸、乙酸、苹果酸、酒石酸、丙二酸和草酸等物质。在甘蔗生长过程中,其根系也会分泌或分解羟基苯酸等。这些物质在一定的浓度下会对甘蔗生长有抑制或毒害作用。如果实行合理的轮作,这些有毒物质不仅不会长期累积,而且会被土壤微生物分解。

7.5　甘蔗水肥一体化技术

7.5.1　甘蔗水肥一体化技术简介

水肥一体化技术是将灌溉与施肥融为一体,实现水肥同步控制的农业技术,是一种提高水肥利用率、减少劳动成本、增加作物产量的现代农业技术。在甘蔗生产中,应用水肥一体化技术可以极大地推进甘蔗产业的发展。甘蔗水肥一体化技术借助压力系统(或地形自然落差),将可溶性固体或液体肥料按土壤养分含量、甘蔗需肥规律和特点配兑肥液,然后将配兑成的肥液与灌溉水一起,通过可控管道系统供水、供肥,水肥相融后,定时、定量浸润甘蔗根系发育生长区域,主要根系土壤始终保持疏松和适宜的含水量,水分、养分能定时、定量地按比例直接提供给作物。比较常见的甘蔗水肥一体化技术是将滴灌与施肥结合,水肥能被直接送到甘蔗根部,养分向根部运输的距离被缩短,从而保证根系快速吸收,肥料利用率得到提高。随水施肥应采取少量多次的方法。根系部分应保持在适宜、最佳的生长营养水平和含水量。同时根据气候、土壤等特性和不同甘蔗生育期的需水、需肥特点,灵活调节供应肥料的种类及比例。

7.5.2　甘蔗滴灌水肥一体化系统

甘蔗滴灌水肥一体化系统由水源、首部系统、输水管和微灌带 4 部分组成,主要包括潜水泵、加压泵、逆止阀、过滤器、压力表、水表、排气阀、施肥器和施肥池等。

水肥一体化要求使用高度可溶、养分含量高、杂质少、溶解快的肥料。应计算一个单元控制的面积,并根据亩施肥量计算每一个控制单元的施肥量。在施肥前,先将施肥池注水,加水量为肥料用量的 1~2 倍,然后倒入肥料,搅拌均匀,溶解;在滴灌前,先滴灌几分钟清水,再打开施肥管道;在施肥结束后,关闭施肥器,再浇 5 min 清水,冲洗管道残余肥料。

7.5.3　水肥一体化技术的推广与应用

尽管水肥一体化技术高效节本,但前期投入大,个体蔗农难以承受。水肥一体化设备材料投入金额达 1.5 万~3 万元/hm²,使用高效水溶肥的投入金额为 1 万元/t,一般蔗农难以一次性投入这么多资金。因此,政府可实施购买补贴政策及发放低息或免息贷款,以鼓励蔗农购买和使用。此外,政府还可牵头蔗糖企业在当地蔗区建立水肥一体化示范点,以点带面,加快技术推广和应用。

水肥一体化应用在不同区域环境中的技术参数不同,施肥料也有所不同。我国与水肥一体化技术相配套的施肥和栽培管理技术尚处于初步探索阶段。蔗区应因地制宜,从蔗区自身的自然环境特点及种植条件出发,依据甘蔗在不同生长期的水肥需求,建立科学的甘蔗水肥一体化应用制度,以形成完整的技术应用体系。

水肥一体化技术是一项高效节本的现代农业技术,在推广过程中应加大宣传力度,使蔗农认识新技术可以增产增收的益处,并在重点生产区培训一批能熟练应用水肥一体化技术的农技人员,带动广大蔗农对水肥一体化技术的认知和应用,以利于该技术在蔗区的推广。

7.6　其他技术

　　甘蔗生长周期长,生物量大,养分需求多。研究表明,在甘蔗的产量达到 144 t/hm² 的情况下,每生产 1 t,甘蔗平均吸收纯 N 1.81 kg、P_2O_5 0.36 kg、K_2O 2.11 kg。我国甘蔗生产普遍存在偏施化肥、不施有机肥和重施氮肥的现象。这种现象不仅不利于甘蔗的高产优质,也容易造成土壤板结、肥料利用率低下和资源浪费等。因此,通过一些措施对土壤进行改良,肥料利用率得到提高,肥料投入减少,甘蔗提质增效。

7.6.1　粉垄栽培技术

　　按照作物种植需求,利用粉垄机的一个或多个螺旋钻头将土壤垂直旋磨和粉碎并自然悬浮成垄成箱,称为粉垄。在粉垄的垄(厢)面上种植作物并配套相关技术,称为粉垄栽培技术。所谓粉垄,是指在传统畜力、拖拉机犁耕耕作层 15～20 cm 的基础上,进一步深松耕层土壤和增强储水和保水能力,以实现"量变"和"质变",创造更为适合作物(植物)生长发育的土壤和水分环境。在这种环境下,作物根系发达,植株健壮高大,会进一步提高作物光合效率,增加作物的产出率。粉垄栽培的主要特点是土壤深松而不乱土层,土壤松土量增加,土壤有效养分就增加 10%～30%,土壤贮水性增强,土壤疏松状态持久。甘蔗粉垄栽培与常规对比如图 7-14 所示。

　　常规耕作采用传统拖拉机,耕作深度一般为 25 cm 左右;粉垄耕作采用粉垄深耕深松机械,耕作深度为 40 cm。在同等施肥量条件下,与旋耕、翻耕等耕作方式相比,粉垄耕作能显著促进甘蔗根系发育,提高甘蔗出苗率、分蘖率、茎径,增加根长和根重;在甘蔗伸长后期,粉垄耕作的甘蔗完全展开的叶片数增多,叶宽增加,甘蔗产量和品质提高。研究表明,与常规耕作相比,在粉垄耕作条件下,甘蔗土壤容重降低,土壤有效氮和有效磷含量分别提高了 8.7%～77.6% 和 8.2%～25.6%。在甘蔗叶片氮、磷含量提高的同时,甘蔗出苗率、分蘖率、株高、茎径、有效茎数和产量也得到了显著提高。

7.6.2　利用土壤调理剂改良土壤

　　施用有机肥可以改善土壤结构。有机肥不仅种类很多,而且不断出现新类型。其中生物有机肥是近些年新开发的一种含有大量特定微生物菌落的新型肥料,具有无污染、无公害、肥效持久、壮苗抗病、改良土壤、提高产量和改善作物品质等优点。国内外对生物有机肥在各种作物上的应用效果进行了很多研究,并取得了较好的效果。研究表明,生物有机肥能显著提高甘蔗的出苗率、分蘖率和有效茎数等。比常规施肥和施用普通有机肥相比,其分别增产 9.0%～10.3% 和 5.8%～7.1%,同时产糖量分别增加 9.4%～11.3% 和 6.6%～8.4%(附录Ⅳ)。

　　木本泥炭是一种天然产物,有机质含量高,能有效调节土壤固、液、气三相分布和含水量,提高土壤有效水分,改善土壤保水性。研究表明,与仅施推荐用肥相比,木本泥炭生物有机肥能显著增加甘蔗的有效茎数,土壤中全氮、全磷、有效磷、全钾和有机质含量也显著提升,经济效益也相应得到增加(附录Ⅴ)。

粉垄 　　　　　　　　　　　　　　　　常规

图 7-14　甘蔗粉垄栽培与常规对比

7.6.3　新型增效肥料

我国甘蔗当季氮素利用率为 17.98%～31.44%,低于甘蔗生产发达国家水平。各种类型的增效肥料,特别是增效氮肥产品对提高肥效具有很好的作用。例如,控释尿素是通过复合材料对尿素进行改性,将其中的氮养分固定在植物根际土壤,形成分子网格吸附和固定氮元素,以利于农作物的有效吸收,满足植物生长发育对养分的需求。又如,聚能网尿素含生物活性高分子物质,带有大量络合基团,能够吸附土壤中的营养元素,并在作物根系附近形成一个充盈的"养分库",从而降低肥料分解速度,延长肥效。再如,腐植酸与尿素结合可以抑制脲酶活性,减缓尿素分解,延长肥效。腐植酸的生物活性能促进植物根系发育,促进氮的吸收(附录Ⅵ)。

7.6.4　生物刺激素

生物刺激素是指具有促进植物生长和提高植物应激响应的物质,包括腐植酸类物质、复合有机物质、有益化学元素、非有机矿物(包括亚磷酸)、海藻类、甲壳素、壳聚糖、抗蒸腾剂、游离氨基酸和微生物等。各类生物刺激素无须严格区分,并非相互独立。生物刺激素不属于化肥或农药,具有改善植物生理功能、促进营养吸收、增强植物应激响应的特性,可作为化肥或者植物保护剂。生物刺激素源于有机质,健康无毒,可协同营养和植物保护剂维持作物健康生长,提高作物品质和产量,为农用产品开辟新的应用途径。研究表明,生物刺激素有利于增加甘蔗产量,提高理论产糖量,同时提高甘蔗叶片的保水能力,增加叶片含水量,降低干旱对叶片造成的伤害,提高甘蔗抗旱能力。其对于甘蔗螟虫、蚜虫和蓟马均有不同程度的防治效果。因此,生物刺激素有利于提高甘蔗产值,增加经济效益(附录Ⅶ)。

附　录

附录 I　糖蜜酒精发酵废液-复合微生物菌肥甘蔗试验

I.1　材料与方法

I.1.1　试验材料

供试的甘蔗品种为 ROC22。供试土壤为粤西蔗区多年连作砖红壤,基本理化性质为土壤有机质含量 31.4 g/kg,总氮含量 1.3 g/kg,碱解氮含量 78.9 mg/kg,有效磷含量 123.3 mg/kg,有效钾含量 242.0 mg/kg,pH 5.0。复合微生物菌肥由糖蜜酒精发酵废液浓缩后添加枯草芽孢杆菌和解淀粉芽孢杆菌等功能微生物发酵改性而成,有效活菌数≥3.0 亿个/mL。

I.1.2　试验方法

试验于 2014 年 8 月在广州甘蔗糖业研究所温室大棚内采用桶栽进行。试验设 4 个处理,4 次重复:处理 1(CK)为清水作为对照;处理 2(T1)为糖蜜酒精发酵废液;处理 3(T2)为复合微生物菌肥,稀释 100 倍,施用 1 次;处理 4(T3)为复合微生物菌肥,稀释 100 倍,施用 2 次(间隔 1 个月)。

挑选长势一致、靠近生长点的健康种茎,斩成长短一致的单芽苗,经 300～400 倍多菌灵稀释液浸泡 5～7 min 后,摆放于装有 10 kg 土壤并拌入 5.0 g 复合肥(15∶15∶15)作为基肥的桶中,每桶放 3 个单芽种茎,覆土后,浇 1 kg 清水或复合微生物菌肥,使上层土壤较为湿润,盖上除草地膜,平时从底部浇水,待甘蔗生长至伸长期时进行各项指标的测定并进行收获。

I.1.3　测定项目

株高:用直尺测量从地表到甘蔗+1 叶肥厚带的高度。

茎径:用游标卡尺测量。

生物量:收获时将植株地上部分和根系分开,所有样品 105 ℃杀青 30 min,75 ℃烘干,用电子天平分别称量干重。

根系活力:采用氯化三苯基四氮唑(TTC)法,分光光度计测定。

氮平衡指数和叶片 SPAD 值:在天气晴朗的情况下,于上午 10:00～11:00 采用 Dualex 植物氮平衡指数测量仪测定功能叶+2 叶片的氮平衡指数和 SPAD 值。

Ⅰ.1.4 数据分析

所有数据均采用 DPS 7.05 和 Microsoft Excel 2010 软件进行统计分析,多重比较、分析和采用 Duncan。小写字母 a,b,c 等表示 $P<0.05$ 显著水平。

Ⅰ.2 结果与分析

Ⅰ.2.1 复合微生物菌肥对甘蔗生长的影响

从表Ⅰ-1 可以看出,施用含枯草芽孢杆菌和解淀粉芽孢杆菌的复合微生物菌肥和糖蜜酒精残液的甘蔗株高、茎径、根系干重和植物总干重均显著高于对照(CK)。施用 2 次复合微生物菌肥处理 T3 的株高、茎径、根系干重、地上部干重和总干重均最高,比对照分别提高 36.2%、24.8%、60.6%、59.4% 和 59.4%,特别是地上部干重和植物总干重显著高于其他处理。施用 1 次复合微生物菌肥处理 T2 的甘蔗农艺性状和生物量略高于施用糖蜜酒精废液的处理 T1,但无显著差异。这说明复合微生物菌肥和糖蜜酒精废液均能促进甘蔗根系生长,提高甘蔗生物量,而以施用 2 次复合微生物菌肥的效果最佳。

表Ⅰ-1 不同处理对甘蔗农艺性状和生物量的影响

处理	株高/cm	茎径/cm	根系干重 /(g/株)	地上部干重 /(g/株)	植株总干重 /(g/株)
CK	79.3 b	1.37 c	13.2 b	57.1 c	70.4 c
T1	102.3 a	1.54 b	19.3 a	67.8 bc	87.1 b
T2	106.9 a	1.61 ab	19.8 a	78.4 b	98.3 b
T3	108.0 a	1.71 a	21.2 a	91.0 a	112.2 a

注:数字后不同字母表示同列数据差异显著($P<0.05$)。

Ⅰ.2.2 复合微生物菌肥对甘蔗叶片氮平衡指数和 SPAD 值的影响

氮平衡指数(nitrogen balance index,NBI)是重要的胁迫荧光参数,也是反映作物长势的重要指标。它是叶绿素和类黄酮的比值。图Ⅰ-1 显示,施用含枯草芽孢杆菌和解淀粉芽孢杆菌的复合微生物菌肥和糖蜜酒精废液处理的氮平衡指数和叶片 SPAD 值均高于对照 CK,特别是施用 2 次复合微生物菌肥的处理 T3 显著高于对照,比对照 CK 分别增加 16.7% 和 12.1%。施用复合微生物菌肥处理的氮平衡指数高于施用糖蜜酒精废液处理 T1,但无显著差异;施用 2 次复合微生物菌肥处理的叶片 SPAD 值比施用糖蜜酒精废液处理的提高 9.5%,差异显著,而施用复合微生物菌肥处理无显著差异,说明施用复合微生物菌肥能促进甘蔗对养分的吸收(尤其是氮),提高叶片的叶绿素含量,增强光合作用,增加光合产物的积累。

Ⅰ.2.3 复合微生物菌肥对甘蔗根系活力的影响

根系活力是根系新陈代谢强弱的指标。根系活力的大小与根系对矿质养分和水分吸收能力密切相关。根对 TTC 的还原强度是量化根系活力的常用指标。由图Ⅰ-2 可以看出,施用 2 次复合微生物菌肥处理 T3 的根系活力最高,比对照 CK 和施用糖蜜酒精废液处理 T1 的分别提高 53.1% 和 35.2%,差异显著;与施用 1 次复合微生物菌肥的处理 T2 无显著性差异,说明含枯草芽

孢杆菌和解淀粉芽孢杆菌的复合微生物菌肥能增强甘蔗根系活力,促进根系对养分的吸收,提高生物产量。

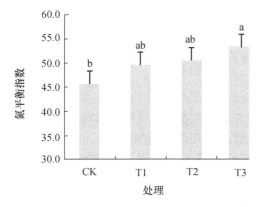
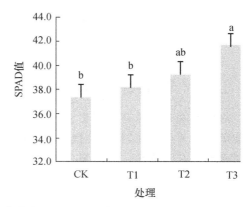

图Ⅰ-1　不同处理对甘蔗叶片氮平衡指数和 SPAD 值的影响

Ⅰ.3　结论

本试验结果显示,施用糖蜜酒精废液可以提高甘蔗株高、茎径,促进甘蔗生长。与施用含枯草芽孢杆菌和解淀粉芽孢杆菌的复合微生物菌肥相比,其对氮平衡指数、叶绿素 SPAD 值和根系活力的影响较小,说明糖蜜酒精废液对甘蔗生长的促进作用可能只是由其中的营养物质导致的。含枯草芽孢杆菌和解淀粉芽孢杆菌的复合微生物菌肥可增加甘蔗株高 34.8%～36.2%,增粗茎径 17.5%～24.8%,提高甘蔗叶片氮平衡指数 10.2%～16.7%,增加叶绿素

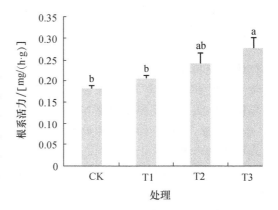

图Ⅰ-2　不同处理对甘蔗根系活力的影响

SPAD 值 5.2%～9.5%,增强根系活力 34.1%～53.1%,提高干物质积累量 39.6%～59.4%。由此可见,含枯草芽孢杆菌和解淀粉芽孢杆菌的复合微生物菌肥对甘蔗具有明显的促生长效果,且可能对改善土壤理化性质以及防治有害生物等有一定的效果。

(本研究结果发表于《甘蔗糖业》2016 年第 6 期)

 甘蔗养分资源综合管理理论与实践

附录Ⅱ　甘蔗功能地膜介绍

Ⅱ.1　甘蔗专用除草地膜

除草地膜是指兼有除草功能的地膜。其优点是免除了盖膜前人工喷施除草剂的工序。由于除草地膜使用方便，且除草效果好，因而受到蔗农欢迎。广泛使用的甘蔗专用除草地膜是膜的两面都含有除草剂。除草剂分布在膜两面的表面，容易被水溶洗，故膜内表面凝结的水珠在盖膜后膜内表面可将除草剂逐渐溶出，并在滴到表土，形成药膜层。杂草的幼苗在土壤中吸收除草剂后，逐渐死亡或生长受到抑制。杂草叶片与除草膜直接接触也可吸收部分除草剂，杂草的生长受抑制。

除草剂的释出受到膜内水分循环所影响，故膜下表土药层的分布有如下特点：①与不盖膜喷药比较，除草剂的分布更为表浅。其原因是膜下的药层不会被雨水直接淋洗，除草剂能更集中地分布在较薄的表土层，表土层的杂草种子长出的幼苗更易死亡。②土壤湿度影响除草剂的释放速度和释放量。当土壤水分充足时，膜内水分循环活跃，释放速度快，也较完全；当土壤比较干燥时，除草剂释放慢，甚至较不完全。因而，土壤湿度与除草膜的效果有一定的关系。③犁耙整地质量和盖膜质量影响表土药层分布的均匀度。当土块粗大，整地不平，膜不贴地时，膜内下落、分布不均的水珠导致表土药层的分布也不均匀。在得不到或较少得到除草剂的地方可能会出现杂草正常生长的现象。

除草地膜在盖膜后 2～3 个月内对单、双子叶杂草种子长出的幼苗的防除效果不低于80%，但对多年生杂草的草苑或地下根、茎长出的杂草防除效果不理想，也不能防除一些恶性杂草，如香附子、狗牙根、牛鞭草、茅草等。

Ⅱ.2　甘蔗光降解除草地膜

甘蔗光降解除草地膜不仅具有普通透明膜的增温、保水、保肥作用，还具有自我降解和除草的功能。在原有的除草地膜配方工艺基础上，根据蔗区自然生态条件（特别是光照和温度），在地膜吹制过程中，加入一定数量的增加吸收紫外线而使地膜加速老化、破裂、破碎，直至最后消失的光敏素，制成特定区域使用的甘蔗专用光降解除草地膜。根据近年来其在广西多个蔗区的应用，甘蔗光降解除草地膜当年降解率在 20%～40% 及以上，对单、双子叶杂草种子长出的幼苗的防除效果达到 85% 及以上，减少了人工揭膜和除草费用，受到众多糖业集团和糖厂的欢迎。据粤西蔗区使用结果的调查可知，光降解除草地膜对甘蔗的除草效果达到 95% 及以上，降解效果为诱导期 55 d 左右，崩裂期 90 d 左右，至甘蔗大培土期，地膜已基本裂成碎片。长期定位跟踪试验结果表明，地膜产品在第一年的降解率约为 30%，第二年的降解率约为70%。其在充分发挥地膜保温、保水功效的同时，也能及时分解，从而有效解决了地膜对环境造成的不良影响。覆盖光降解除草地膜的出苗率、基本苗数、分蘖率等生长指标均比覆盖普通地膜、不盖膜处理的高，能发挥普通地膜的增温、保水及促进甘蔗出苗和生长的作用。在应用光降解除草地膜后,甘蔗平均增产幅度较大,蔗糖分也得到提高,并节省了前期的除草、揭膜等工作,有力地促进了甘蔗产业的发展。不同蔗区的气候特点、栽培方式等都会影响甘蔗光降解除草地膜的降解和除草效果,因此,在大面积推广使用前,必须经过充分的试验与示范,选用合适的配方,以更好地发挥该产品的增温、保水、保肥及除草、降解效果。

Ⅱ.3　甘蔗生物降解地膜

地膜技术的引进促进了传统农业向现代化农业的转变。然而随之带来的白色污染又破坏了人们的生存环境,解决白色污染势在必行。实验证明,可降解地膜与普通地膜有同等的功效,地膜的可降解是我国地膜发展的方向。与光降解地膜不同的是,生物降解地膜可在不见光的条件下受微生物等作用而逐步降解,从而达到环境友好。生物降解地膜是指在自然环境下由微生物作用而引起降解的塑料地膜。在细菌、真菌和放线菌等微生物侵蚀塑料薄膜后,细胞的增长使聚合物组分水解、电离或质子化,从而发生机械性破坏,分裂成低聚物碎片。真菌或细菌分泌的酶使水溶性聚合物分解或氧化降解成水溶性碎片,生成新的小分子化合物,直至最终分解成 CO_2 和 H_2O。生物降解地膜是一种新型地面覆盖薄膜,主要用于地面覆盖,以提高土壤温度,保持土壤水分,维持土壤结构,防止害虫侵袭作物以促进植物生长。

附录Ⅲ 甘蔗全田宽膜覆盖栽培技术实例

Ⅲ.1 材料和方法

Ⅲ.1.1 试验材料

试验地设在广东省翁源县官渡镇东三村(113.94° E,24.28° N)甘蔗试验基地,土壤类型为砖红壤。土壤理化性质为:pH 5.2,有机质含量13.52 g/kg,全氮含量0.85 g/kg,碱解氮含量73.21 mg/kg,全磷含量0.48 g/kg,有效磷含量10.25 mg/kg,全钾含量9.63 g/kg,有效钾含量41.5 mg/kg。

Ⅲ.1.2 试验方法

试验设3个处理。处理1(不盖膜):不盖地膜,2次施肥,基肥为复混肥(N:P_2O_5:K_2O=9:6:6)2 250 kg/hm²,追肥为复混肥(N:P_2O_5:K_2O=22:8:10)1 200 kg/hm²。处理2(窄膜覆盖):甘蔗植沟覆盖宽为60 cm的除草地膜,2次施肥,基肥为复混肥(N:P_2O_5:K_2O=9:6:6)2 250 kg/hm²,追肥为复混肥(N:P_2O_5:K_2O=22:8:10)1 200 kg/hm²。处理3(全田宽膜):除草地膜(宽为150 cm)全田覆盖,1次施肥,施肥量为复混肥(N:P_2O_5:K_2O=22:8:10)2 250 kg/hm²。每个处理设3次重复,共9个小区,每个小区的面积为300 m²,下种量约为60 000双芽/hm²,完全随机区组设计。3种甘蔗的田间处理如图Ⅲ-1所示。试验于2015年2月种植,2016年3月收获。

田间管理:不盖膜、窄膜覆盖和全田宽膜在甘蔗种植时分别施杀单·毒死蜱90 kg/hm²、90 kg/hm²及120 kg/hm²;在全田宽膜处理下,甘蔗盖膜后无须管理;不盖膜处理、植沟窄膜覆盖处理于2015年2月及6月喷施二甲四氯和敌草隆进行除草,6月中耕培土,施用复混肥(N:P_2O_5:K_2O=22:8:10)1 200 kg/hm²及杀单·毒死蜱90 kg/hm²。

不盖膜　　　　　　　　　窄膜覆盖　　　　　　　　　全田宽膜

图Ⅲ-1 甘蔗3种栽培方式

Ⅲ.1.3 样品采集与分析

土壤样品测定:在种植前及收获后,各小区取耕作层(0~30 cm)土壤测定pH、土壤全磷、全氮、全钾、土壤有效养分、有效磷和有效钾。

土壤含水量:于 4 月中旬、6 月中旬、8 月中旬和 10 月中旬在上午 8:00~10:00 取 0~20 cm 耕作层土壤采用烘干法测定土壤含水量。

甘蔗农艺性状测定:于萌芽末期调查各小区发芽数;收获时每小区选取代表性甘蔗 30 株,分别测定株高等性状;采取砍收称重实测。

所有数据均用 Microsoft Excel 2007 和 SAS 8.2 软件进行统计分析,方差分析采用 Duncan Test。

Ⅲ.2　结果与分析

Ⅲ.2.1　不同栽培方式的耕层土壤含水量变化

对不同种植方式的耕层土壤含水量的调查发现(图Ⅲ-2),在不同时期,田间土壤含水量表现有所不同。4 月,不同处理的耕层土壤含水量从高到低依次为全田宽膜、窄膜覆盖和不盖膜,其中全田宽膜的耕层土壤含水量为 15.6%,土壤手捏成团,抛之破碎,以利于甘蔗的萌发及生长;不盖膜的耕层土壤含水量为 14.5%,手捏可成团,易碎,有效含水量较低,不利于甘蔗的早生快发。6 月,蔗区降水量充足,各处理的耕层土壤含水量都处于较高水平,耕层土壤含水量从高到低依次为窄膜覆盖、不盖膜及全田宽膜。由图Ⅲ-2 可知,8 月和 10 月,各处理的耕层土壤含水量下降,以窄膜覆盖、不盖膜的降幅度较大,其耕层土壤含水量从高到低依次为全田宽膜、窄膜覆盖及不盖膜。结果表明,不同栽培方式对耕层土壤含水量有明显影响;在降水量较少的旱季,全田宽膜覆盖有利于减少土壤的水分蒸发,保蓄水分,将耕层土壤含水量维持在较高水平;在多雨条件下,全田宽膜覆盖栽培可防止过多的水渗入土壤,保证土壤的水分稳定。

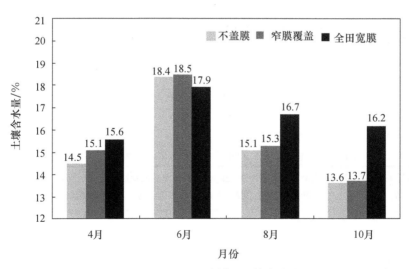

图Ⅲ-2　不同处理的耕层土壤含水量

127

Ⅲ.2.2 不同栽培方式对甘蔗株高生长的影响

由表Ⅲ-1可知,全田宽膜能显著促进甘蔗株高的增加,比不宽膜和窄膜覆盖分别增加14.7%和9.7%,表明全田宽膜能明显促进了甘蔗的生长。对中后期(9—10月)甘蔗株高生长速度的分析表明,不同处理的甘蔗中后期的生长速度有所不同,表现为全田宽膜的甘蔗株高伸长速度达1.95 cm/d,显著高于不盖膜和窄膜覆盖的1.54 cm/d和1.57 cm/d,表明全田宽膜在甘蔗生长中后期可保持较快的生长速度,这应与全田宽膜在该时期具有较高的耕层土壤水分含量有关。收获时期的甘蔗株高表明,全田宽膜的甘蔗株高达365.7 cm,显著高于窄膜覆盖和不盖膜。

表Ⅲ-1 不同栽培方式的甘蔗株高表现

处理	株高/cm			9—10月生长速度 /(cm/d)
	8月31日	10月31日	第2年3月2日	
不盖膜	195.7±3.3 b	288.1±6.8 b	318.2±7.7 b	1.54
窄膜覆盖	201.5±4.5 ab	295.7±9.5 b	333.3±13.2 b	1.57
全田宽膜	206.8±5.8 a	323.8±7.6 a	365.7±16.7 a	1.95

注:数字后不同字母表示同列数据差异显著($P < 0.05$)。

Ⅲ.2.3 不同栽培方式的甘蔗经济效益分析

分析不同处理的甘蔗产量结果表明,全田宽膜的甘蔗产量最高,达128.0 t/hm²,比不盖膜增产29.8%,增产效果明显。各处理的物资、用工投入及产值等参见表Ⅲ-2。从表Ⅲ-2可知,不同种植方式的总投入和经济收益存在较大差别,采用全田宽膜覆盖,净收益为31 903.5元/hm²,收益比不盖膜增加11 022元/hm²,增收率达52.8%,增产、增收效果显著。

表Ⅲ-2 甘蔗在不同栽培方式下的成本和效益比较

处理	产量 /(t/hm²)	增产率 /%	成本/(元/hm²)					净收益 /(元/hm²)	增收率 /%
			地膜	盖膜及管 理人工	肥料农 药成本	砍蔗 人工	地租		
不盖膜	98.6		0	3 000	8 640	11 826	4 500	20 881.5	
窄膜覆盖	106.1	7.6	675	3 750	8 640	12 726	4 500	2 1931.5	5.0
全田宽膜	128.0	29.8	1 800	1 500	7 020	15 354	4 500	31 903.5	52.8

注:甘蔗收购价450元/t;窄膜覆盖的地膜用量为45 kg/hm²,全田宽膜的地膜用量为120 kg/hm²,地膜单价为15元/kg;不盖膜的除草施肥需30工/hm²,窄膜覆盖的盖膜、除草、施肥需37.5工/hm²,全田宽膜盖膜需15工/hm²,用工费为100元/工;复混肥(N∶P₂O₅∶K₂O=9∶6∶6)为1.6元/kg,复混肥(N∶P₂O₅∶K₂O=22∶8∶10)为2.8元/kg,杀单·毒死蜱为6元/kg;砍蔗工为120元/t。

Ⅲ.3 结论

本研究结果表明,在全田宽膜覆盖、窄膜覆盖和不盖膜等3种不同的栽培方式中,在降水量较少的旱季,全田宽膜覆盖有利于减少土壤的水分蒸发,保蓄水分,将耕层土壤含水量维持在较高水平,这对甘蔗苗期的早生快发及甘蔗中后期的生长具有重要作用。在本研究中,全田宽膜覆盖的甘蔗生长速度明显高于窄膜覆盖和不盖膜。究其原因,全田宽膜在该时期具有较高的耕层土壤水分含量,保证了其水分的供给,促进了甘蔗的生长。因此,在旱地蔗区,全田宽膜覆盖可有效解决甘蔗生产的季节性干旱问题,对提高旱地甘蔗产量具有重要意义。

(本研究结果发表于《甘蔗糖业》2016 年第 5 期)

附录Ⅳ 功能性生物有机肥在甘蔗生产的应用

Ⅳ.1 材料与方法

Ⅳ.1.1 试验地概况

试验地设在湛江市遂溪县北坡镇。供试土壤为沙壤土,其养分性质为土壤有机质含量 8.18 g/kg,全氮含量 0.73 g/kg,碱解氮含量 78.9 mg/kg,有效磷含量 16.8 mg/kg,有效钾含量 84.1 mg/kg,pH 5.1。

Ⅳ.1.2 试验材料

供试品种为 ROC22。

供试肥料:肥料 A('爸爱我'抗土传病高效生物有机肥),有效活菌数 0.5 亿个/g,有机质 ≥25%,氮磷钾≥8%,游离氨基酸+活性肽≥4%;肥料 B('爸爱我'功能性生物有机肥Ⅰ型), 有效活菌数 0.5 亿个/g,有机质≥25%,氮磷钾≥6%;肥料 C("金田牌"普通有机肥),有机质 ≥30%,氮磷钾≥4%;肥料 D,复合肥(N∶P∶K=14∶16∶15)。

Ⅳ.1.3 试验设计

本试验于 2011 年 02 月 25 日进行,共设 4 个处理,3 次重复。T1:肥料 A,1 500 kg/hm² +复合肥 2 250 kg/hm²;T2:肥料 B,1 500 kg/hm²+复合肥 2 250 kg/hm²;CK1:普通有机肥 1 500 kg/hm²+复合肥 2 250 kg/hm²;CK2:常规施肥,不施有机肥,复合肥 2 250 kg/hm²。其 中,生物有机肥和普通有机肥全部作基肥,复合肥的基追比为 1∶2。追肥时间为 2011 年 6 月 20 日,在基肥和追肥时各施用杀单·毒死蜱 75 kg/hm²。

开行后,划定试验小区,按指定用量施入基肥,采用完全随机设计。试验共 12 个小区,小 区行距为 1.1 m,行长为 11 m,每个小区 7 行(其中保护行为 2 行),每个小区的面积为 77.8 m²,试验区用地面积为 933 m²。每公顷下种量为 45 000 段双芽蔗茎。

Ⅳ.1.4 调查项目

于 2011 年 4 月 15 日调查出苗率,5 月 20 日调查分蘖率、株高、生物量等,其中出苗率和分 蘖数为整个小区调查,株高为每个小区调查 3 行,生物量为每个小区取样 15 株。2012 年 1 月 5 日检糖、测产,其中检糖为每个小区调查 15 株,测产为小区实测产。调查数据用 Excel 2003 和 SAS 9.0 进行统计分析。

Ⅳ.2 结果与分析

Ⅳ.2.1 各施肥处理对甘蔗农艺性状的影响

1. 生物有机肥对甘蔗出苗的影响

根据不同施肥处理的苗期调查统计数据(表Ⅳ-1),施用'爸爱我'2种生物有机肥的出苗率均显著高于普通有机肥和常规施肥,处理 T1 和处理 T2 都在 70% 及以上,而 CK1 和 CK2 只有 62.3% 和 55.6%,说明施用生物有机肥能显著提高甘蔗的出苗率。生物有机肥的处理 T1 和处理 T2 之间没有差异,而对照 CK1 和 CK2 的普通有机肥的出苗率要显著高于不施有机肥,说明普通有机肥也能提高甘蔗出苗率。总而言之,生物有机肥和普通有机肥在该试验中都能够促进甘蔗萌芽和出苗。

2. 生物有机肥对甘蔗分蘖的影响

根据分蘖调查统计数据(表Ⅳ-1),施用'爸爱我'2种生物有机肥的甘蔗分蘖数均显著高于常规施肥,稍高于普通有机肥,但差异不显著,说明施用生物有机肥和普通有机肥均能促进甘蔗分蘖。生物有机肥的处理 T1 和处理 T2 之间没有差异。对照 CK1 和 CK2 的普通有机肥的分蘖数要显著高于不施有机肥,说明普通有机肥也能促进甘蔗分蘖。

3. 生物有机肥对甘蔗苗期株高的影响

从表Ⅳ-1可以看出,施用'爸爱我'2种生物有机肥的甘蔗株高均显著高于常规施肥,稍高于普通有机肥,但差异不显著,说明施用生物有机肥可以促进苗期甘蔗生长。生物有机肥的处理 T1 和处理 T2 之间没有差异,对照 CK1 和 CK2 也没有差异,但普通有机肥的株高要稍微高于不施有机肥的株高。

4. 生物有机肥对甘蔗苗期生物量的影响

生物量包括干重和鲜重,是一般农作物中非常重要的一个参考指标。根据调查统计结果(表Ⅳ-1)可以看出,无论是鲜重还是干重,施用'爸爱我'2种生物有机肥的甘蔗苗期生物量均显著高于常规施肥和普通有机肥,说明施用生物有机肥可促进甘蔗生长,从而获得更高的生物量累积。生物有机肥的处理 T1 和处理 T2 之间没有显著差异,对照 CK1 和 CK2 有显著差异,普通有机肥的生物量要显著高于不施有机肥的生物量。施用有机肥的甘蔗在苗期的生长优势也为后期增产奠定了基础。

表Ⅳ-1 不同处理对甘蔗苗期农艺性状的影响

处理	出苗率/%	分蘖数/(株/行)	株高/cm	鲜重/(g/株)	干重/(g/株)
T1	70.7 a	177 a	44.6 a	391.2 a	86.6 a
T2	72.4 a	176 a	45.2 a	410.5 a	89.4 a
CK1	62.3 b	164 a	40.7 ab	354.1 b	75.4 b
CK2	55.6 c	123 b	38.6 b	252.5 c	54.8 c

注:数字后不同字母表示同列数据差异显著,$P < 0.05$。

Ⅳ.2.2 各施肥处理对甘蔗产量和糖分的影响

1. 生物有机肥对甘蔗工艺成熟期农艺性状的影响

从调查结果(表Ⅳ-2)可以看出,施用生物有机肥的处理 T1 和 T2 的有效茎数显著高于不施有机肥,同时也高于施用普通有机肥。对照 CK1 和 CK2 施用普通有机肥的有效茎数高于不施有机肥,但差异不显著。茎径和株高在 4 个施肥处理的差异不显著,但总体施用生物有机肥的茎径和株高要大于对照。产量在各处理的表现差异比较明显。处理 T1 和 T2 的产量显著高于对照 CK1 和 CK2。与普通有机肥处理相比,施用生物有机肥的处理 T1 和 T2 分别增产 7.1% 和 5.8%;与不施有机肥相比,施用生物有机肥的处理 T1 和 T2 分别增产 10.3% 和 9.0%,说明生物有机肥对甘蔗的增产效果明显。施用普通有机肥比不施有机肥也增产 3.0%,说明普通有机肥对甘蔗也有一定的增产效果。

表 IV-2　不同处理对甘蔗成熟期农艺性状的影响

处理	有效茎数 /(条/hm²)	茎径 /cm	株高 /cm	产量 /(t/hm²)	比 CK1 增产 /%	比 CK2 增产 /%
T1	92 235 a	3.17 a	240.3 a	108.9 a	7.1	10.3
T2	92 010 a	3.12 a	241.4 a	107.5 a	5.8	9.0
CK1	87 495 ab	2.98 a	238.6 a	101.7 b	—	3.0
CK2	83 995 b	2.92 a	238.7 a	98.7 b	−3.0	—

注:数字后不同字母表示同列数据差异显著,$P < 0.05$。

2. 生物有机肥对甘蔗糖分和产糖量的影响

从调查结果(表 IV-3)可以看出,各个有机肥处理的蔗糖分与不施有机肥处理相比没有明显差异,而每公顷产糖量在各处理的表现差异则比较明显。处理 T1 和 T2 的产糖量显著高于对照 CK1 和 CK2。与普通有机肥处理相比,施用生物有机肥的处理 T1 和 T2 每公顷产糖量分别增加 8.4% 和 6.6%;与不施有机肥处理相比,施用生物有机肥的处理 T1 和 T2 分别增糖 11.3% 和 9.4%,说明生物有机肥对甘蔗产糖的提升效果明显。

表 IV-3　不同处理对甘蔗糖分和产糖量的影响

处理	蔗糖分/%	产糖量/(t/hm²)	比 CK1 增糖/%	比 CK2 增糖/%
T1	16.41 a	17.86 a	8.4	11.3
T2	16.34 a	17.56 a	6.6	9.4
CK1	16.21 a	16.48 b	—	2.7
CK2	16.27 a	16.05 b	−2.0	—

注:数字后不同字母表示同列数据差异显著,$P < 0.05$。

IV.3　结论

对本试验的结果分析表明,与常规施肥对比,施用'爸爱我'生物有机肥能显著提高甘蔗的出苗率、分蘖率、有效茎数等,比常规施肥和施用普通有机肥分别增产 9.0%～10.3% 和 5.8%～7.1%,同时产糖量也比常规施肥和施用普通有机肥分别增加 9.4%～11.3% 和 6.6%～8.4%。分析的主要原因:第一,在施用生物有机肥后,有效活性菌的分解作用增加了土壤腐殖质,常年连作而又不施用有机肥的蔗田土壤得到了理化性状的改善;有机质在土壤中可以提高土壤孔隙度,增强保水、保肥能力,减少干旱对甘蔗生长的不利影响,提高甘蔗出苗和生长速度。第二,'爸爱我'2 种生物有机肥对土壤的土传病害具有很好的防抗作用。'爸爱我'2 种生物有机肥中存在的有效活性菌能有效地抑制土壤中线虫等病害微生物的生长和繁殖,减少甘蔗根系受侵染的程度,保持甘蔗正常的生长状态。第三,'爸爱我'2 种生物有机肥和含有丰富的有机质,氮、磷、钾无机养分和中微量元素。土壤的营养均衡对甘蔗的吸收和利用有良好的促进效果,能提高产量。总之,根据'爸爱我'2 种生物有机肥的初步效果,其可以进行大范围的推广、应用和示范。

（本研究结果发表于《甘蔗糖业》2012 年第 4 期）

附录Ⅴ 木本泥炭新型肥料在 砖红壤甘蔗的应用实例

Ⅴ.1 材料与方法

Ⅴ.1.1 试验概况

试验地位于广东省湛江遂溪县黄略镇新桥,属于砖红壤黄色沙壤土,地形为平地,肥力等级为中等,前茬作物为甘蔗。供试甘蔗品种为粤糖03-393。试验地土壤基础养分性状:pH 4.85,有效钾含量 95.0 mg/kg,全钾含量 2.32 g/kg,全氮含量 559.67 mg/kg,全磷含量 1.25 g/kg,有效磷含量 201.58 mg/kg,有机质含量 16.32 g/kg。试验肥料包括以木本泥炭为原料来源的生物有机肥、酸性土壤调理剂、腐植酸钾等、尿素、磷酸一铵和复合肥。

Ⅴ.1.2 试验设计

试验设 7 个处理:T1,不施任何肥料的空白对照;T2,常规推荐用肥,1 800 kg/hm² 复合肥;T3,木本泥炭+常规推荐用肥,3 000 kg/hm² 木本泥炭肥+1 800 kg/hm² 复合肥;T4,酸性土壤调理剂+常规推荐用肥,3 000 kg/hm² 酸性土壤调理剂+1 800 kg/hm² 复合肥;T5,腐植酸钾+与常规推荐用肥等量的氮、磷肥,2 700 kg/hm² 腐植酸钾+尿素 682 kg/hm²+磷酸一铵 382 kg/hm²;T6,生物有机肥+常规推荐用肥,3 000 kg/hm² 生物有机肥+1 800 kg/hm² 复合肥;T7,减量木本泥炭+常规推荐用肥,2 250 kg/hm² 木本泥炭+1 800 kg/hm² 复合肥。各处理中的化肥均按基追比 1:3 施用,除 T5 外,木本泥炭肥均作基肥施用,T5 的木本泥炭肥基追比为 5:4,T2~T7 的氮、磷、钾养分均一致。试验设 3 次重复,共计 21 个小区,小区的行长为 8.8 m,行宽为 1.15 m,10 行区,小区面积为 101 m²,完全随机区组设计。

试验于 2014 年 2 月 23 种植,施基肥,2014 年 5 月 7 日追肥。其他日常管理与大田生产一致。

Ⅴ.1.3 调查项目

农艺经济性状测定:用直尺量株高(分别于伸长期 9 月 15 日和成熟期 1 月 20 日进行),成熟期计算有效茎数,用卡尺测量茎径。

收获后的植株样品分析:于 2015 年 1 月 20 日进行测产,每个小区实测产量,折算公顷产量。每个小区随机取 6 条甘蔗,将蔗茎混合榨汁,进行糖分分析。

土壤养分分析:种植前与收获后在每个小区取 0~30 cm 土层土壤样品。参照土壤农化分析方法测定土壤 pH、有机质、全氮、全磷、全钾、有效磷和有效钾。

Ⅴ.1.4 数据收集与处理

本试验所有数据均用 Excel 2010 进行平均数和标准差计算,并且利用 SAS 9.0 统计软件进行邓肯多重比较方差分析。

V.2　结果与分析

V.2.1　不同施肥处理对甘蔗农艺性状的影响

从表V-1可以看出,不同施肥处理的甘蔗的萌芽率无显著差异,均达65%及以上,说明木本泥炭新型肥料作基肥施用对甘蔗萌芽是安全的。据分蘖期的甘蔗苗数调查结果显示,施肥处理均比空白对照的分蘖数显著增多;在施肥处理之间,增施木本泥炭新型肥料比仅施常规推荐用肥的分蘖苗数有所增加,其中T6与T7比仅施常规推荐用肥的T2显著增多,表明生物有机肥(木本泥炭+菌剂)以及在常规施肥基础上增施木本泥炭新型肥料可以促进分蘖的形成。在伸长期和成熟期,各个施肥处理的株高、茎径均显著高于空白对照T1。对于各施肥处理而言,在增施木本泥炭新型肥料的株高与茎径均比仅施常规推荐用肥有一定程度的增加,但各施肥处理之间的差异不显著。从表V-1可以看出,增施木本泥炭新型肥料的甘蔗有效茎数比仅施常规用肥和空白对照有一定程度的增加,其中T6比T2显著增加,表明增施生物有机肥(木本泥炭+菌剂)有利于甘蔗有效茎的形成。

表V-1　不同施肥处理对甘蔗农艺性状的影响

处理	萌芽率/%	分蘖数/(万株/hm²)	株高/cm		茎径/cm		有效茎数/(条/hm²)
			9月15日	1月20日	9月15日	1月20日	
T1	69.7 a	8.16 c	224 b	262 b	2.56 b	2.81 b	47 895 c
T2	65.3 a	8.91 b	245 a	293 a	2.87 a	3.10 a	49 890 bc
T3	69.4 a	9.35 ab	249 a	298 a	2.95 a	3.19 a	53 160 ab
T4	70.7 a	9.76 ab	256 a	299 a	2.95 a	3.19 a	54 045 ab
T5	71.4 a	9.69 ab	259 a	304 a	2.99 a	3.23 a	52 890 ab
T6	72.2 a	9.95 a	258 a	306 a	2.94 a	3.22 a	55 125 a
T7	71.4 a	9.90 a	259 a	302 a	2.96 a	3.19 a	52 920 ab

注:数字后不同字母表示同列数据差异显著,$P<0.05$。

V.2.2　不同施肥处理的蔗产量和理论产糖量

对各处理的蔗产量和理论产糖量的结果(表V-2)分析可以看出,与不施肥空白对照相比,施肥可显著提高蔗产量,虽然糖分均下降,但理论产糖量却显著增加;在各施肥处理之间,增施木本泥炭新型肥料的蔗产量与产糖量比仅施常规推荐用肥显著提高,蔗产量增幅为9.5%～18.3%,产糖量增幅为9.6%～17.1%,表明在常规推荐用肥基础上适当增施木本泥炭新型肥料可提高蔗产量和理论产糖量。在各增施木本泥炭新型肥料处理之间,T5的(腐植酸钾)蔗产量最高,而T6(木本泥炭+菌剂)的理论产糖量最高,但差异不显著。

表Ⅴ-2 不同施肥处理的蔗产量和理论产糖量

处理	蔗产量 /(t/hm²)	比 T2 增幅 /%	蔗糖分 /%	理论产糖量 /(t/hm²)	比 T2 增幅 /%
T1	62.7 c	−20.4	15.1 a	9.5 c	−15.9
T2	78.8 b	—	14.3 b	11.3 b	—
T3	89.4 a	13.5	13.9 b	12.5 a	9.9
T4	91.1 a	15.6	14.0 b	12.7 a	13.4
T5	93.2 a	18.3	14.0 b	13.0 a	15.5
T6	92.4 a	17.3	14.3 b	13.2 a	17.1
T7	86.3 a	9.5	14.3 b	12.3 a	9.6

注：数字后不同字母表示同列数据差异显著，$P<0.05$。

Ⅴ.2.3 不同施肥处理对收获后土壤养分状况的影响

如表Ⅴ-3所示，与种植前土壤 pH 为 4.85 相比，各处理均有所下降，其中 T4 酸性土壤调理剂下降的幅度最小，且显著高于 T2 和 T1，说明该酸性土壤调理剂具有一定的 pH 调节效果。施用木本泥炭新型肥料及相关肥料的有机质、全氮、全磷、有效钾和全钾均显著高于 T2 的常规推荐用肥，说明施用木本泥炭新型肥料对提高土壤肥力具有良好效果。

表Ⅴ-3 收获后不同施肥处理土壤养分状况

处理	pH	有机质 /(g/kg)	全氮 /(mg/kg)	全磷 /(g/kg)	有效磷 /(mg/kg)	全钾 /(g/kg)	有效钾 /(mg/kg)
T1	4.58 b	16.41 c	469.26 c	1.03 c	196.94 c	2.05 b	76.67 b
T2	4.53 b	18.03 c	532.41 b	1.20 b	213.30 b	2.11 b	93.00 a
T3	4.64 ab	21.18 b	597.71 a	1.36 a	247.72 a	2.36 a	88.47 a
T4	4.79 a	25.48 a	587.78 a	1.35 a	260.23 a	2.35 a	91.14 a
T5	4.63 ab	24.98 a	607.97 a	1.37 a	257.81 a	2.36 a	91.50 a
T6	4.64 ab	26.95 a	602.50 a	1.38 a	261.80 a	2.33 a	92.50 a
T7	4.63 ab	24.62 a	590.03 a	1.35 a	234.90 a	2.32 a	88.57 a

注：数字后不同字母表示同列数据差异显著，$P<0.05$。

Ⅴ.3 结论

田间试验结果表明，在砖红壤蔗区，在常规推荐用肥基础上增施一定量的木本泥炭新型肥料可以提高土壤有机质含量，促进甘蔗生长，增加蔗产量和产糖量，提高经济效益。木本泥炭新型肥料对于砖红壤蔗区土壤改良的长期效应还需开展长期定位施肥试验进行验证。

（本研究结果发表于《甘蔗糖业》2016 年第 2 期）

附录Ⅵ　不同类型增效尿素在甘蔗的应用实例

Ⅵ.1　材料与方法

Ⅵ.1.1　试验地概况

试验在广东省翁源县官渡镇新南村,土壤类型为黄棕壤。试验土壤基本情况为土壤有机质含量 10.73 g/kg,全氮含量 0.89 g/kg,碱解氮含量 61.56 mg/kg,有效磷含量 17.63 mg/kg,有效钾含量 78.11 mg/kg,pH 为 6.96。

Ⅵ.1.2　试验材料

供试甘蔗品种:新台糖 10 号。

试验肥料品种:普通尿素(46.4%N)、过磷酸钙(16%P_2O_5)、氯化钾(60%K_2O)、控释尿素(43.2%N)、聚能网尿素(46.4%N)、腐植酸尿素(46.0%N,腐植酸 3.0%)、含锌尿素(43.2% N、2%$ZnSO_4 \cdot H_2O$)、一水硫酸锌(97.5% $ZnSO_4 \cdot H_2O$)。

Ⅵ.1.3　试验方法

试验设置 8 个处理,3 次重复,分别为 T1,无氮处理;T2,普通尿素(常规处理);T3,控释尿素;T4,聚能网尿素;T5,腐植酸尿素;T6,含锌尿素;T7,控释尿素一次施肥;T8,常规尿素＋等量锌(与 T6 等量)。各个处理的过磷酸钙用量为 1 500 kg/hm²,氯化钾用量为 600 kg/hm²,尿素用量除无氮处理不施外,其他处理均施用 900 kg/hm²。尿素按照基追比 1∶5 施用,磷肥全部作基肥,钾肥按照基追比 1∶3 施用,具体用量参见表Ⅵ-1。小区随机排列,行距为 1.0 m,

表Ⅵ-1　不同处理的施肥种类的用量　　　　　　　　　　　　　　　　kg/hm²

| 处理 | 基肥-追肥 | | | |
	尿素	过磷酸钙	氯化钾	一水硫酸锌
T1	0～0	1 500～0	150～450	0
T2	150～750	1 500～0	150～450	0
T3	150～750	1 500～0	150～450	0
T4	150～750	1 500～0	150～450	0
T5	150～750	1 500～0	150～450	0
T6	150～750	1 500～0	150～450	0
T7	0～900	1 500～0	150～450	0
T8	150～750	1 500～0	150～450	3～15

行长为 10 m,每个小区 5 行,小区面积为 50 m²,下种量每公顷约 12 t 蔗茎。开沟施基肥后下种,同时撒用农药 5% 杀单·毒死蜱颗粒,用量为 75 kg/hm²,下种后覆土。在分蘖后期,进行追肥,撒用农药 5% 杀单·毒死蜱颗粒,用量为 75 kg/hm²,同时培土。下种与基肥施用时间为 2016 年 3 月 12 日,追肥时间为 2016 年 5 月 24 日。其他管理措施与常规生产一致。

Ⅵ.1.4　调查项目

调查项目包括产量、有效茎数、茎长、茎径、甘蔗蔗糖分、理论糖产量、氮素利用率及经济效益等。

甘蔗收获日期为 2017 年 1 月 18 日。测产后并在每个小区随机取 6 个株生长正常的甘蔗,用自来水洗净,并用纯水冲洗,蔗茎混合样榨汁,进行糖分测定,蔗渣和蔗汁进行氮养分含量测定,叶片分成新叶和老叶,在 105 ℃ 杀青 30 min,于 70 ℃ 烘干至恒重后称干重,粉碎,过 0.15 mm 筛,备用。植物样品经硫酸-过氧化氢消煮稀释后,用于氮养分含量测定。

Ⅵ.1.5　数据处理

数据采用 Excel 2010 和 SPSS 19.0 进行统计分析。氮素利用效率相关指标计算公式如下。

氮素积累总量(kg/hm²)=单位面积(hm²)收获时植株地上部各部分氮素积累量的总和

氮素农学利用率(kg/kg)=(施肥区产量－空白区产量)/施氮量

氮素养分利用率(%)=[(施肥区作物氮积累量－空白区作物氮积累量)/施氮量]×100

氮肥偏生产力(kg/kg)=产量/施氮量

Ⅵ.2　结果与分析

Ⅵ.2.1　不同施肥处理对甘蔗产量及其构成因子的影响

产量结果如表 Ⅵ-2 所示。T1 的蔗茎产量显著低于其他施氮肥的蔗茎产量处理;施氮的蔗茎产量最高的是 T5,其次是 T4,两者均显著高于 T2,分别提高 18.4% 和 12.1%,达到 5% 显著水平;其他尿素处理的蔗茎产量与 T2 无显著差异。

表 Ⅵ-2　不同施肥处理的甘蔗产量及其构成因子

处理	蔗茎产量/(t/hm²)	茎长/cm	茎径/mm	有效茎数/(条/hm²)
T1	59.5 d	295 b	23.0 b	59 429 b
T2	89.5 c	310 a	25.4 a	65 539 a
T3	97.3 bc	314 a	26.1 a	64 702 a
T4	100.3 ab	314 a	26.2 a	65 701 ab
T5	106.0 a	319 a	27.4 a	66 815 a
T6	93.5 bc	315 a	25.9 a	65 602 a
T7	93.6 bc	311 a	26.0 a	63 479 ab
T8	94.0 bc	315 a	26.1 a	65 432 a

注:每列数字后面的字母不同则表示达到 5% 显著差异水平。

从各个产量构成因子来看,茎长、茎径和有效茎数在各施氮处理之间呈显著性差异,因此,造成蔗茎产量显著差异的原因可能是综合因素而不是某一个因素。对于最高蔗茎产量的 T5 来说,3 个产量构成因子在各处理中均最高。

Ⅵ.2.2　不同施肥处理对甘蔗蔗糖分及理论产糖量的影响

如表Ⅵ-3 所示,各个处理之间的甘蔗蔗糖分虽有一定差异,但并非显著性差异,蔗糖分最高的为 T5(14.08%),蔗糖最低的为 T4(12.70%)。理论产糖量是蔗茎产量与甘蔗蔗糖分的乘积,因此其与蔗茎产量关系密切。T1 显著低于其他各个处理,在施氮处理中,最低的是 T2,T5 则最高,比 T2 提高 29.9%,其次为 T3、T2 和 T4,这四个处理均显著高于 T2。

表Ⅵ-3　不同施肥处理对甘蔗糖分及理论产糖量的影响

处理	甘蔗蔗糖分/%	理论产糖量/(t/hm²)
T1	13.25 a	7.88 d
T2	12.84 a	11.50 c
T3	13.57 a	13.20 b
T4	12.70 a	12.74 b
T5	14.08 a	14.93 a
T6	13.81 a	12.93 b
T7	13.32 a	12.47 bc
T8	13.2 a	12.4 bc

注:每列数与后面的字母不同则表示达到 5% 显著水平。

Ⅵ.2.3　不同施肥处理对甘蔗氮素吸收利用的影响

从表Ⅵ-4 可以看出,不同处理的甘蔗氮素累积量存在显著差异。氮素最低的为 T2,其显著低于其他各个处理。氮素最高的为 T3,其次为 T4 和 T7,三者无显著性差异。相应的氮素利用率最高的处理为 T3,其次为 T7 和 T5。相对于 T2,除 T8 外,各个处理氮素利用率都得到显著提升,从 21.94% 提高到 27.76%～34.49%。氮肥农学效率和氮肥偏生产力则是 T5 为最高,显著高于最低的 T2。同时,T4 和 T3 的氮肥农学效率显著高于 T2,T5 的氮肥偏生产力显著高于 T2。

表Ⅵ-4　不同施肥处理的甘蔗的氮素利用效率

处理	氮素累积量/(kg/hm²)	氮素利用率/%	氮肥农学效率/(kg/kg)	氮肥偏生产力/(kg/kg)
T2	179.16 c	21.94 d	72.54 c	216.18 c
T3	222.41 a	34.49 a	99.16 ab	234.91 bc
T4	211.96 ab	29.86 abc	98.73 ab	242.37 ab
T5	214.47 a	30.47 abc	112.41 a	256.05 a
T6	196.24 b	27.76 bc	89.58 bc	225.91 bc
T7	211.70 ab	31.73 ab	89.76 bc	226.08 bc
T8	191.99 b	25.04 cd	83.42 bc	227.06 bc

注:每列数字后面的字母不同则表示达到 5% 显著水平。

Ⅵ.2.4　不同施肥处理对经济效益的影响

不同施肥处理的肥料价格不同、产量不同,成本和收益也不同。虽然与 T2 相比,其他尿素成本有所增加,但产量提升使得产值增加,净收益也都相应增加。其中,产值和净收益最高的为 T5,比 T2 提高 18.4%;其次为 T4 和 T3,分别比 T2 提高 12.1% 和 8.7%。肥料产投比最高为 T5,其次为 T4(表Ⅵ-5)。

表Ⅵ-5　不同施肥处理的经济效益

处理	产量/ (t/hm²)	肥料投入/ (元/hm²)	总成本/ (元/hm²)	产值/ (元/hm²)	净收益/ (元/hm²)
T2	89.5	4 350	25 985	38 484	12 499
T3	97.3	5 070	27 713	41 819	14 106
T4	100.3	4 620	27 664	43 146	15 482
T5	106.0	4 845	28 626	45 583	16 957
T6	93.5	4 440	26 599	40 217	13 618
T7	93.6	5 070	27 238	40 247	13 010
T8	94.0	4 440	26 660	40 421	13 761

注:不同肥料价格分别为 T2 1 700 元/t,T3 2 500 元/t,T4 2 000 元/t,T5 2 250 元/t,T6 1 800 元/t,T7 2 500 元/t,T8 2 000 元/t,过磷酸钙 800 元/t,氯化钾 2 700 元/t,砍收成本按 130 元/t,其他成本按 10 000 元/hm²(3 年平均),甘蔗收购价按照 430 元/t 计算。

Ⅵ.3　结论

在本研究中,氮素利用率最高的处理为 T3,其次为 T8。包膜的尿素一般具有缓控释功能,能显著提高氮素利用率。另外,T5、T4 及 T6 比 T2 的氮素利用率得到了显著提升,从 T2 的 21.9% 提高到 27.8%~34.5%,而 T8 与 T2 相比提高的幅度不大。通过本研究结果表明,施用不同类型的尿素均有利于甘蔗产量的提高,尤其是 T5、T4 效果最好。同时,新型尿素对提高产糖量也有帮助,其中 T5 和 T3 表现最好。T3 对于提高氮素利用率的效果最佳,T4 等其他新型尿素也有利于提高氮素利用率。在产值和净收益上表现最高的是 T5,其次为 T4。综合产量、经济效益与氮素利用率来看,T5 最优,其次为 T4。

(本研究结果发表于《甘蔗糖业》2017 年第 5 期)

附录Ⅶ　海藻生物刺激素在甘蔗生产的应用实例

Ⅶ.1　材料与方法

Ⅶ.1.1　试验地点和材料

试验地位于广东省湛江市遂溪县北坡镇,地处雷州半岛粤西蔗区,土壤类型为沙壤土,属亚热带气候,近年来常发生季节性干旱,虫害较为严重。供试甘蔗品种为粤糖 09-13。试验地土壤基础养分性状:pH 5.07,全氮含量 0.78 g/kg,全磷含量 0.75 g/kg,全钾含量 1.87 g/kg,有效磷含量 61.68 mg/kg,有效钾含量 88.6 mg/kg,有机质含量 13.85 g/kg。试验肥料包括尿素(含 N46%)和复合肥(养分含量 $N:P_2O_5:K_2O=20:10:15$),试验所用农药为杀单·克百威 3% 颗粒剂。

Ⅶ.1.2　试验设计

试验设 4 个处理:CK,常规种植,不施用海藻素,作为对照;T1,常规种植＋苗期施用海藻素 3 kg/hm²;T2,常规种植＋分蘖期施用海藻素 3 kg/hm²;T3,常规种植＋苗期和分蘖期分别施用海藻素 3 kg/hm²。试验设 3 次重复,共计 12 个小区,小区行长为 8.8 m,行宽为 1.15 m,10 行区,小区面积为 101 m²。试验甘蔗于 2017 年 2 月 21 种植,施基肥复合肥 300 kg/hm²,撒施农药 75 kg/hm²,海藻素采用无人机喷施,兑水稀释,用量为 30 kg/hm²,喷雾;2017 年 4 月 6 日进行苗期海藻素处理(T1/T3),5 月 18 日进行分蘖期海藻素处理(T2/T3),同时进行追肥,用量为复合肥 1 200 kg/hm²,尿素 300 kg/hm²,撒施农药 75 kg/hm²,其他日常管理与大田生产一致。于 2018 年 1 月 30 日收获。

Ⅶ.1.3　调查项目及方法

在甘蔗拔节期于 2017 年 8 月 9 日在每个小区对甘蔗正 1 叶、正 2 叶和正 3 叶取样 3 株进行水分相关参数分析。①离体叶片脱水速率测定方法:取正 1 叶片称量,脱水前鲜重 W1,将其在室温放置 12 h 后,再次称重 W2,离体叶片脱水速率(%)＝[(脱水前鲜重 W1－脱水后鲜重 W2)/脱水时间]×100。②叶片相对含水量(RWC)采用饱和称量法:选取正 2 叶片,将其摘下后迅速称其鲜质量(Mf),用蒸馏水浸泡 4 h 后,擦干测定叶片饱和质量(Mt),然后于 105 ℃下杀青 30 min,在 70 ℃下烘干至恒量,测定叶片干质量(Md)。按公式 RWC(%)＝[(Mf－Md)/(Mt－Md)]×100 计算叶片相对含水量。③电导率(EC)测定方法:将正 3 叶片剪碎,称 0.5 g 叶片剪碎加入 25 mL 纯水,在 32℃恒温 2 h 后,用电导率仪测定原电导率,然后在沸水中保持 20 min 后,测定总电导率,电导率(%)＝原电导率/总电导率×100。

农艺经济性状及产量和糖分测定:2017 年 12 月 30 日进行株高、有效茎数、茎径调查,收获时测产,每个小区抽取 6 条甘蔗,将蔗茎混合榨汁,进行糖分分析。

虫害控制效果调查分析包括:①防治螟虫的结果调查与分析方法为 5 月 30 日进行调查,

统计小区总苗数和枯心苗数,枯心率(%)=(枯心数/总苗数)×100。②棉蚜防治结果调查及计算方法为 7 月 8 日调查蚜群数和有蚜株数,统计相对防效。相对防效(%)=[(对照组有蚜株数-处理组有蚜株数)/对照组有蚜株数]×100。③防治蓟马的调查及分析方法为 7 月 18 日调查蓟马虫害情况,卷叶率(%)=(卷叶数/调查总株数)×100,蓟马相对防效(%)=[(对照组卷叶率-处理组卷叶率)/对照组卷叶率]×100。

Ⅶ.1.4　数据收集与处理

本试验所有数据均用 Excel 2010 进行平均数和标准差计算,并且利用 SAS 9.0 统计软件进行邓肯多重比较方差分析。

Ⅶ.2　结果与分析

Ⅶ.2.1　不同处理对甘蔗幼苗叶片水分参数与电导率的影响

结果如表Ⅶ-1 所示,3 个海藻素处理的甘蔗离体叶片脱水速率显著低于对照处理(CK),下降幅度达到 14.29%～22.97%,且 3 个海藻素处理之间(T1～T3)无显著性差异。施用海藻素的 3 个处理的甘蔗幼苗叶片含水率比对照处理显著提升,提高幅度为 12.9%～20.14%。同时,施用海藻素的 3 个处理的甘蔗幼苗叶片电导率比对照处理显著降低,降低幅度达到 18.27%～29.25%。这些结果说明,在施用海藻素处理后,甘蔗叶片的保水能力提高,叶片含水量增加,降低了干旱对叶片造成的伤害,甘蔗的抗旱能力得到提高。

表Ⅶ-1　不同处理的甘蔗幼苗叶片水分参数与电导率

处理	离体叶片脱水速率 /(mg/h)	比 CK /%	相对含水量 /%	比 CK /%	电导率 /%	比 CK /%
CK	67.9 a	—	56.6 b	—	28.03 a	—
T1	58.2 b	-14.29	63.9 a	12.90	22.91 b	-18.27
T2	53.6 b	-21.06	66.1 a	16.78	21.71 b	-22.55
T3	52.3 b	-22.97	68.0 a	20.14	19.83 b	-29.25

注:数字后不同字母表示同列数据差异性显著,$P<0.05$。

Ⅶ.2.2　不同处理对甘蔗农艺性状的影响

从表Ⅶ-2 可以看出,不同处理的甘蔗的株高存在差异。在施用海藻素后,甘蔗的株高均有一定程度的增加,其中 T1 和 T2 分别提高 10 cm 和 13 cm,增幅分别为 3.53% 和 5.30%,与对照处理相比,其显著性差异;T3 则显著高于 CK,提高了 21 cm,提高幅度为 7.42%。在施用海藻素后,甘蔗的茎径和有效茎数也有所增加。茎径比 CK 提高 0.1～0.15 cm,增加幅度为 3.53%～5.30%,但两者差异性不显著。在施用海藻素后,有效茎数提高了 1 200 条/hm² 及以上,增加幅度为 3% 左右,但两者差异性不显著。

表Ⅶ-2 不同处理的甘蔗农艺性状

处理	株高 /cm	比 CK 增幅 /%	茎径 /cm	比 CK 增幅 /%	有效茎数 /(条/hm²)	比 CK 增幅 /%
CK	283 b	—	2.83 a	—	42 595 a	—
T1	293 b	3.53	2.93 a	3.53	43 889 a	3.04
T2	296 b	5.30	2.96 a	4.59	43 865 a	2.98
T3	304 a	7.42	2.98 a	5.30	44 045 a	3.40

注:数字后不同字母表示同列数据差异性显著,$P<0.05$。

Ⅶ.2.3 不同处理对蔗产量和理论产糖量的影响

从表Ⅶ-3 结果可知,不同海藻素处理(T1～T3)的甘蔗产量比对照 CK 均得到显著提高,T1、T2 和 T3 比 CK 每公顷产量分别提高 11.00 t、13.28 t 和 15.94 t,提高幅度分别为 11.93%、14.40% 和 17.29%。海藻素对甘蔗糖分的影响较小,糖分在各个处理下没有显著性差异。理论产糖量为糖分与产量的乘积,因此,各个海藻素处理(T1～T3)均显著高于 CK,T1、T2 比 CK 分别提高 14.38%、17.94% 和 19.15%,每公顷产糖量提高 1.7 t 以上。

表Ⅶ-3 不同处理的蔗产量和产糖量

处理	产量 /(t/hm²)	比 CK 增幅 /(%)	糖分 /%	比 CK 增幅 /%	理论产糖量 /(t/hm²)	比 CK 增幅 /%
CK	92.21 b	—	13.24 a	—	12.21 b	—
T1	103.22 a	11.93	13.53 a	2.19	13.97 a	14.38
T2	105.49 a	14.40	13.65 a	3.10	14.40 a	17.94
T3	108.16 a	17.29	13.45 a	1.59	15.55 a	19.15

注:数字后不同字母表示同列数据差异性显著,$P<0.05$。

Ⅶ.2.4 不同处理对甘蔗虫害控制的效果

从表Ⅶ-4 结果可知,不同海藻素处理(T1～T3)的甘蔗对不同虫害具有不同的控制效果。从螟虫的防治效果来看,施用海藻素可以降低由甘蔗螟虫导致的枯心率,且以苗期喷施 T1 和 T3 的效果好,枯心率比 CK 显著降低,相对防效达到 50% 及以上;T2 由于是分蘖期才进行喷施,防治效果不佳,枯心率与 CK 无显著性差异。从蚜虫防治效果来看,施用海藻素处理(T1～T3)的有蚜株数量比 CK 显著减少,其中以 T3 效果为最好,相对防效达到 93.81%,T1 和 T2 的相对防效也达到 81% 及以上,说明海藻素对蚜虫的抵御效果较好。另外,海藻素处理对蓟马防治也具有一定效果,卷叶率比 CK 显著降低,相对防效为 36.96%～44.78%。因此,甘蔗施用海藻素对提高抗虫害能力均具有一定的效果。

表Ⅶ-4　不同处理对甘蔗虫害控制的效果

处理	螟虫枯心率 /%	螟虫相对防效 /%	有蚜株 /(株/区)	蚜虫相对防效 /%	卷叶率 /%	蓟马相对防效 /%
CK	6.36 a	—	5.33 a	—	24.54 a	—
T1	2.96 b	53.46 a	1.00 b	81.24 b	13.55 b	44.78 a
T2	5.42 a	14.78 b	0.67 b	87.43 a b	15.47 b	36.96 a
T3	2.92 b	54.09 a	0.33 c	93.81 a	14.59 b	40.55 a

注:数字后不同字母表示同列数据差异性显著,$P<0.05$。

Ⅶ.2.5　不同处理对甘蔗成本和经济效益的影响

不同处理的甘蔗生产投入成本和经济效益如表Ⅶ-5所示。海藻素的施用在农资投入上增加了少量成本,同时由于产量提升增加砍收成本而使得总成本增加,T1、T2和T3总成本相比对照增加幅度分别为5.67%、7.62%和10.35%。同时,产量提升带动产值和净收益增加,T1、T2和T3的产值比对照分别增加11.93%、14.40%和17.29%,净收益比对照分别增加25.53%、31.09%和36.24%。另外,施用海藻素的处理产投比均高于对照。

表Ⅶ-5　不同处理的甘蔗成本和经济效益

处理	农资投入 /(元/hm²)	总成本 /(元/hm²)	产量 /(t/hm²)	产值 /(元/hm²)	净收益 /(元/hm²)	产投比
CK	6 420	28 408	92.21	41 496	13 088	1.46
T1	6 600	30 018	103.22	46 447	16 429	1.55
T2	6 600	30 314	105.49	47 472	17 158	1.57
T3	6 780	30 841	108.16	48 672	17 831	1.58

注:在农资成本中,尿素1 900元/t,复合肥3 400元/t,海藻素喷施180元/次/hm²;在总成本中,甘蔗砍收成本按130元/t;其他成本按10 000元/hm²;在产值中,甘蔗收购价按450元/t计算。

Ⅶ.3　结论

本研究的结果表明,海藻素不仅有利于促进甘蔗生长,提高甘蔗产量,还可以提高甘蔗的抗旱性和抗虫性。相关海藻素产品在不同农作物生产上已开始广泛应用。由于用量少,其对作物的生长促进作用效果显著,故在经济作物,特别是果蔬作物上特别受欢迎。本试验结合无人机进行喷施,投入成本低,产出增加,经济效益较好。

（本研究结果发表于《甘蔗糖业》2018年第5期）

参考文献

[1]敖俊华,黄莹,方界群,等.广东蔗区土壤磷状况及不同磷形态分布特征研究[J].甘蔗糖业,2017(6):1-5.

[2]敖俊华,黄振瑞,江永,等.石灰施用对酸性土壤养分状况和甘蔗生长的影响[J].中国农学通报,2010(15):266-269.

[3]敖俊华,黄振瑞,李奇伟,等.湛江蔗区甘蔗测土配方施肥[J].中国糖料,2009(3):36-38.

[4]敖俊华,江永,黄振瑞,等.加强甘蔗养分管理,降低甘蔗生产成本[J].广东农业科学,2011(23):31-34.

[5]敖俊华,江永,卢颖林,等.湛江市甘蔗与大豆间种效益分析[J].甘蔗糖业,2012(4):13-16.

[6]敖俊华,江永,周文灵,等.甘蔗/大豆间作模式的生产力分析[J].广东农业科学,2014(3):29-32.

[7]敖俊华,周文灵,陈迪文,等.不同用量腐植酸钾对果蔗产量和品质的影响[J].甘蔗糖业,2018(4):53.

[8]敖俊华,周文灵,陈迪文,等.全田宽膜覆盖对耕层土壤水分及甘蔗生长的影响[J].甘蔗糖业,2016(5):9-12.

[9]蔡志鑫,郭金莲,黎庆刚,等.江门市礼乐黑皮果蔗平衡施肥试验[J].蔬菜,2013(3):51-53.

[10]曹宝玲,吴细华,李庆红.甘蔗专用生物有机肥的应用[J].甘蔗糖业,2010(2):8-13.

[11]曾艳,黄金生,周柳强,等.广西桂南蔗区土壤养分状况调查分析[J].南方农业学报,2014,45(12):2198-2202.

[12]陈超平.甘蔗叶粉碎回田机的研制与应用[J].热带农业工程,1999(1):10-12.

[13]陈大钊,谭德强,黄文涛,等.甘蔗蔗茎的增重规律研究初报[J].甘蔗糖业,1984(11):16-20.

[14]陈迪文,敖俊华,周文灵,等.不同浓度海藻提取物对甘蔗前中期生长的影响[J].甘蔗糖业,2018(1):17-22.

[15]陈迪文,敖俊华,周文灵等.海藻素对甘蔗不同栽培品种生长和产量影响的初探[J].甘蔗糖业,2019(2):27-31.

[16]陈迪文,卢颖林,江永,等.功能性生物有机肥在甘蔗生产上的应用[J].甘蔗糖业,2012(4):23-26.

[17]陈迪文,周文灵,卢颖林,等.不同施肥处理对粤糖03-393产量及养分利用的影响[J].广

东农业科学,2015(7):43-47.

[18]陈睿.温岭果蔗施肥现状和对土壤环境的影响及对策[J].甘蔗糖业,2005(1):4-7.

[19]陈俊辉.蔗渣和木薯渣的水解糖化与发酵生产富油小球藻的研究[D].广州:华南理工大学,2011.

[20]陈明周,杨友军,黄瑶珠,等.甘蔗光降解地膜在湛江蔗区的增产效应及其降解效果[J].中国糖料,2009(2):7-9,13.

[21]陈清,张强,常瑞雪,等.我国水溶性肥料产业发展趋势与挑战[J].植物营养与肥料学报,2017,23(6):1642-1650.

[22]陈寿宏,杨清辉,郭兆建,等.蔗叶覆盖还田系列研究 I.对甘蔗工、农艺性状的影响[J].中国糖料,2016,38(4):10-13,18.

[23]陈伟绩.有机无机复混肥对甘蔗生长和土壤养分的效应研究[D].福州:福建农林大学,2007.

[24]陈小娟,杨依彬,龚林,等.三种不同聚合度组成的聚磷酸铵对玉米苗期生长的影响[J].植物营养与肥料学报,2019,25(2):175-180.

[25]陈雪雯,陈迪文,沈宏.海藻生物刺激素在甘蔗生产上的应用研究[J].甘蔗糖业:2018(5),11-16.

[26]成绍鑫,武丽萍,李丽.腐植酸与速效磷肥的作用及 HA-P 的农化效应[J].腐植酸,2002(1):32-35.

[27]崔雄维,张跃彬,郭家文,等.蔗叶不同还田模式对土壤水分和甘蔗产量的影响[J].中国糖料,2010(4):21-23.

[28]刀静梅,刘少春,崔雄维,等.沧源蔗区土壤养分现状研究[J].中国农学通报,2011,27(33):73-78.

[29]刀静梅,刘少春,张跃彬,等.地膜全覆盖对旱地甘蔗性状及土壤温湿度的影响[J].中国糖料,2015(1):22-23,25.

[30]刀静梅,刘少春,张跃彬,等.耿马甘蔗种植区土壤有效养分状况分析[J].中国农学通报,2015,31(21):194-198.

[31]邓干然,李明,梁栋.推行蔗叶回田技术促进甘蔗生产可持续发展[J].热带农业工程,1999(3):17-19.

[32]邓克杰.蔗叶机械化粉碎还田对土壤效应的思考[J].低碳世界,2017(4):264-265.

[33]邓秀汕.利用稀糖蜜酒精废液生产肥料的方法[P].中国专利,2016-01-20.

[34]邓秀汕.糖蜜酒精发酵液用于多元配方肥料塔式造粒的方法[P].中国专利,2016-01-20.

[35]董立华,周清明,段惠芬,等.云南高原内陆低海拔地区甘蔗难开花亲本人工诱导开花初报[J].亚热带农业研究,2008(3):169-172.

[36]董素钦.氮、磷、钾肥不同配比对果蔗产量和品质影响的研究[J].甘蔗糖业,2007(3):16-18,54.

[37]樊保宁,方锋学,游建华,等.蔗糖滤泥发酵腐熟菌剂筛选试验[J].南方农业学报,2013,44(12):2014-2017.

[38]樊保宁,游建华,周秋惠.我国糖料甘蔗叶有效处理与利用[J].中国糖料,2020,42(1):77-80.

[39]冯奕玺．应大力推广蔗叶回田的耕作方法[J]．中国糖料，1999(4)：40-42.

[40]符琼，刘伟华，王义雄，等．海南省临高县蔗区土壤主要养分状况分析研究与对策[J]．甘蔗糖业，2011(2)：34-37.

[41]甘仪梅，杨本鹏，曾军．甘蔗新台糖22号的干物质及氮素积累与分配特征[J]．热带作物学报．2013，34(9)：1742-1746.

[42]郭家文，张跃彬，刘少春，等．云南甘蔗主产区土壤有机质和有效养分分布研究[J]．土壤通报，2010，41(4)：872-876.

[43]韩丙军，唐文浩，彭黎旭，杨永平．甘蔗渣发酵产物的饲用价值研究[J]．安徽农业科学，2007(32)：10309-10310.

[44]何毅波，李松，余坤兴，等．不同复合肥料搭配施用对果蔗产量及经济效益的影响[J]．中国糖料，2018，40(6)：25-28.

[45]洪红，梁广焜，邢海萍．甘蔗栽培技术[M]．北京：金盾出版社，2007.

[46]黄启尧．甘蔗开花研究及其利用[J]．甘蔗糖业，1983(10)：1-7.

[47]黄绍富，黄杰基．蔗区土壤肥力现状与甘蔗测土配方施肥[J]．广西蔗糖，2006，45(4)：10-12,17.

[48]黄伟添，李碧云．关于甘蔗糖蜜酒精废液物质及其应用[J]．腐植酸，1998(4)：45-46.

[49]黄振瑞，陈迪文，江永，等．施用缓释肥对甘蔗干物质积累及氮素利用率的影响[J]．热带作物学报．2015(5)：860-864.

[50]黄振瑞．高产甘蔗养分需求规律及施肥调控研究[D]．北京：中国农业大学，2015.

[51]江永，黄福申．糖蜜酒精废液生产甘蔗有机复混肥的研究初报[J]．甘蔗糖业，2000(4)：22-28.

[52]江永，黄振瑞，敖俊华，等．原料甘蔗生产技术[M]．北京：中国农业大学出版社，2014.

[53]柯贤林，恽壮志，刘铭龙，等．不同来源生物质废弃物热解炭化农业应用潜力分析：生物质炭产率、性质及促生效应[J]．植物营养与肥料学报，2021，27(7)：1113-1128.

[54]雷崇华，李廷华，韦金凡，等．金光农场甘蔗土壤养分含量状况研究[J]．甘蔗糖业，2015(3)：10-13.

[55]李海丽．利用挤压造粒工艺生产糖泥有机无机复混肥[J]．云南化工，2001，28(3)：40-41.

[56]李浩，黄金玲，李志刚，等．粉垄耕作提高土壤养分有效性并促进甘蔗维管组织发育和养分吸收[J]．植物营养与肥料学报，2021，27(2)：11.

[57]李建奇．地膜覆盖对春玉米产量、品质的影响机理研究[J]．玉米科学，2008(5)：87-92,97.

[58]李丽，游向荣，孙健，等．甘蔗田间废弃物及制糖副产物综合利用研究进展[J]．食品工业，2013(7)：170-173.

[59]李明，卢敬铭，韦丽娇，等．甘蔗叶机械化粉碎还田技术集成[J]．安徽农业科学，2011，39(8)：5022-5025.

[60]李奇伟，安玉兴，黄振瑞，等．优质糖料蔗生产技术关键与新技术应用[J]．甘蔗糖业．2009(3)：1-6.

[61]李奇伟．现代甘蔗改良技术[M]．广州：华南理工大学出版社，2000.

[62]李文凤，范源洪，陈学宽，等．甘蔗糖分的快速测定方法[J]．中国糖料，2009(2)：14-15

[63]李秀平,黄琮斌,李荣喜,等.利用"3414"实验设计进行甘蔗产量和品质研究[J].热带农业科学,2018,38(1):5.

[64]李杨瑞,杨丽涛.20世纪90年代以来我国甘蔗产业和科技的新发展[J].西南农业学报.2009(5):1469-1476.

[65]李杨瑞,朱秋珍,王维赞.甘蔗地定量施用糖厂酒精废液技术体系多点试验[J].西南农业学报,2008(3):749-756.

[66]李杨瑞.现代甘蔗学[M].北京:中国农业出版社,2010.

[67]梁太波,王振林,刘兰兰,等.腐植酸尿素对生姜产量及氮素吸收、同化和品质的影响[J].植物营养与肥料学报,2007(5):903-909.

[68]廖青,韦广泼,陈桂芬,等.蔗叶还田对土壤微生物、理化性状及甘蔗生长的影响[J].西南农业学报,2011,24(2):658-662.

[69]林荣珍,杨宇格.利用糖蜜酒废液生产液态生物有机肥[J].广西糖业,2014(1):41-46.

[70]林秀琴,毛钧,陆鑫,等.甘蔗花芽分化及花序发育过程的石蜡切片显微观察与分析[J].热带作物学报,2018,39(3):507-512.

[71]刘波,陈倩倩,王阶平,等.糖厂滤泥堆肥发酵过程中可培养芽孢杆菌种群动态变化研究[J].农业环境科学学报,2019,38(1):201-210.

[72]刘波,朱昌雄.微生物发酵床零污染养猪技术研究与应用[M].北京:中国农业科学技术出版社,2009.

[73]刘芳,劳邦盛,吉立,等.甘蔗渣生物降解制备可溶性糖的研究[J].广东农业科学,2011,38(21):93-94,109.

[74]刘少春,张跃彬,郭家文,等.基于养分丰缺分级的蔗田土壤肥力主成分综合分析[J].西南农业学报,2016,29(3):611-617.

[75]刘少春,张跃彬,郭家文,等.少雨干旱地区地膜全覆盖对旱地甘蔗产量和糖分质量的影响[J].节水灌溉,2015(7):43-45.

[76]刘小锋,张桥,张新明,等.广东省果蔗施肥状况典型调查与分析[J].安徽农学通报,2012,18(11):95-97,122.

[77]刘增兵,赵秉强,林治安.腐植酸尿素氨挥发特性及影响因素研究[J].植物营养与肥料学报.2010(1):208-213.

[78]娄赟,陈海斌,张立丹.缓/控释肥料对果蔗产量及氮素利用率的影响[J].热带作物学报,2016,37(2):262-266

[79]鲁如坤.土壤农业化学分析方法[M].北京:中国农业科学技术出版社,1999.

[80]罗连光,李先,贺爱国,等.不同微生物菌剂对甘蔗滤泥腐解效果的影响[J].湖南农业科学,2008(6):61-62,69.

[81]罗兴录,岑忠用,谢和霞,等.生物有机肥对土壤理化、生物性状和木薯生长的影响[J].西北农业学报,2008(1):167-173.

[82]马家斌,杨敏芳,田旺海,等.新平县蔗区土壤养分状况及施肥水平建议[J].中国糖料,2014(2):56-58.

[83]孟宪民,马学慧,崔保山.泥炭资源农业利用现状与前景[J].农业现代化研究,2000(3):187-191.

[84]孟宪民.泥炭绿色环保肥料的发展与创新[J].腐植酸,2005(3):1-6.

[85]莫云川,叶燕萍,梁强,等．糖蜜酒精废液对甘蔗品质及蔗糖合成关键酶活性的影响[J]．西南农业学报,2009(1):55-59.

[86]裴润梅,维言．南宁甘蔗田水分供需状况的分析[J]．广西蔗糖,2000(4):9-13.

[87]戚荣,江永．我国甘蔗生产可持续发展潜力探讨[J]．广东农业科学．2006(12):24-27.

[88]邱玉桂．甘蔗的品种及蔗茎的形态[J]．广东造纸,1985(2):1-6.

[89]沈大春,卢颖林,周文灵,等．糖蜜酒精残液生物发酵效果及水培试验分析[J]．甘蔗糖业,2018(1):12-16.

[90]宋日云,陈超君,孙少华,等．蔗叶还田方法对宿根蔗地一些土壤肥力因素的效应研究[J].广西蔗糖,2008(1):18-19.

[91]苏广达,吴伯焌．宿根甘蔗生物学特性的综述[J]．甘蔗糖业,1980.

[92]苏广达．甘蔗根系生育特性的综述[J]．甘蔗糖业,1981(8):11-15.

[93]苏天明．甘蔗糖厂新鲜滤泥快速无臭化堆沤腐熟的方法及处理系统[P].中国专利,2017-07-21.

[94]孙波,刘光玲,杨丽涛,等．甘蔗幼苗根系形态结构及保护系统对低温胁迫的响应[J].中国农业大学学报,2014,19(6):71-80.

[95]覃蔚谦．广西甘蔗地膜覆盖栽培试验推广概况及展望[J]．广西农业科学,1988(5):7-10.

[96]谭宏伟,周柳强,谢如林,等．红壤区不同施肥处理对蔗区土壤酸化及甘蔗产量的影响[J]．热带作物学报,2014(7):1290-1295.

[97]谭宏伟．糖厂滤泥发酵制成生物有机肥[J]．南方农业学报,2017,48(3):428-432.

[98]谭中文,梁计南,陈建平,等．甘蔗基因型苗期叶片形态解剖性状与糖分、产量关系研究[J]．华南农业大学学报,2001(1):5-8.

[99]谭中文,梁计南,梁远标．不同水分条件下甘蔗品种幼苗性状研究[J]．中国糖料,1998(1):2-6.

[100]唐毅,唐玉凤,覃有波,等．糖厂废弃物发酵生产生物有机肥研究[J]．现代农业科技,2018(18):189,194.

[101]王磊,周柳强,谢如林,等．不同控释尿素的氮素释放特性及在甘蔗上的应用研究[J]．广西农业科学,2010(4):345-348.

[102]王丽萍,范源洪,马丽,等．甘蔗光周期诱导开花和杂交利用研究[J]．甘蔗,1999,6(3):1-5.

[103]王献华,谢如林,周柳强,等．Olsen法测定的土壤有效磷含量与土壤pH值的相关性研究[J]．广西农业科学,2008,39(2),199-201.

[104]王兴仁,曹一平,张福锁,等.磷肥恒量施肥法在农业中应用探讨[J].植物营养与肥料学报,1995,1(3/4):59-64.

[105]王永壮,陈欣,史奕．农田土壤中磷素有效性及影响因素[J]．应用生态学报,2013,24(1):260-268.

[106]温世和,王元炎．甘蔗施用有机肥的效应[J]．甘蔗,1997,4(3):59-60.

[107]翁锦周,何炎森．生物有机肥对甘蔗产量及土壤的影响[J]．亚热带农业研究,2005(3):13-15.

[108]吴海霞. 绿色化学视角下的甘蔗渣废弃物的再利用研究[J]. 内蒙古石油化工,2021,47(8):5-8.

[109]吴圣进,蓝福生,罗洁,等. 广西主要蔗区土壤和植株养分状况的调查研究[J]. 广西植物,1998,18(3):291-297.

[110]武秀华. 姬松茸高产栽培技术及病虫害防治措施[J]. 乡村科技,2018(32):111-112.

[111]肖佳华,刘云浩,郭萍,等. 蔗渣垫料在零排放发酵床养猪中的应用研究[J]. 环境科学与技术,2013,36(1):48-51,130.

[112]谢如林,等. 高产甘蔗的植物营养特征研究[J]. 西南农业学报,2010,23(3):828-831.

[113]谢如林,谭宏伟,黄美福,等. 高产甘蔗的植物营养特征研究[J]. 西南农业学报,2010,23(3):828-831.

[114]谢如林,谭宏伟,周柳强,等. 广西新宾蔗区土壤养分状况分析[J]. 中国糖料,2004(1):22-25.

[115]许树宁,吴建明,黄杏,等. 不同地膜覆盖对土壤温度、水分及甘蔗生长和产量的影响[J].南方农业学报,2014(12):2137-2142.

[116]牙翠莲. 湛江农垦蔗田土壤肥力变化及改良对策[D]. 南宁:广西大学,2014.

[117]杨丽涛,莫凤连,朱秋珍,等. 糖蜜酒精发酵液对甘蔗生长的效应[J]. 南方农业学报,2012(1):18-21.

[118]姚丽萍,陈紫薇,张晓梅,等. 糖蜜对重组谷氨酸棒杆菌产 L-丝氨酸的影响[J]. 食品与生物技术学报,2018,37(11):1153-1159.

[119]于海秋,彭新湘,曹敏建. 缺磷对不同磷效率基因型大豆光合日变化的影响[J]. 沈阳农业大学学报,2005,36(5):519-522

[120]张才芳. 蔗叶还田深度和生物表面活性剂对土壤养分和微生物群落的影响[D]. 福州:福建农林大学,2019.

[121]张福锁.测土配方施肥技术要览[M].北京:中国农业大学出版社,2006.

[122]张娜,张天财. 不同施肥处理对果蔗商品性及经济效益的影响[J]. 福建农业科技,2010(1):71-73.

[123]张琼姿,恽绵,朱秋珍,等. 地膜覆盖甘蔗试验研究[J]. 甘蔗糖业,1984(12):11-18.

[124]张文,刘国彪,潘顺秋,等. 海南甘蔗土壤养分状况研究[J]. 热带作物学报,2010,31(8):1324-1328.

[125]张雄森. 姬松茸高产栽培技术及病虫害防治措施[J]. 河南农业,2021(2):14-15.

[126]张旭东,梁超,诸葛玉平,等. 黑碳在土壤有机碳生物地球化学循环中的作用[J]. 土壤通报,2003,34(4):349-355.

[127]张艳菲,王晨阳,李世莹,等. 控释尿素养分释放特性研究[J]. 磷肥与复肥,2017(3):11-12.

[128]章朝晖. 利用糖蜜酒精废液生产钾肥[J]. 环境保护,2000(6):44-45.

[129]赵丽萍. 蔗叶还田对土壤理化性状、生态环境及甘蔗产量的影响[J]. 土壤通报,2014,45(2):500-507.

[130]赵莹,邱宏端,谢航,等. 发酵蔗渣产黄腐酸菌种的筛选及应用[J]. 福建农业学报,2012,27(8):883-887.

[131]赵莹,邱宏端,谢航,等.枯草芽孢杆菌发酵蔗渣生产黄腐酸的工艺条件优化[J].福州大学学报(自然科学版),2010,38(2):290-296.

[132]钟晓英,赵小蓉,鲍华军,等.我国23个土壤磷素淋失风险评估Ⅰ.淋失临界值[J].生态学报,2004,24(10):2275-2280.

[133]周明强,罗亚红,周正邦,等.糖厂酒精废液作追肥对甘蔗生长及产量的影响[J].贵州农业科学,2008(6):102-103.

[134]周瑞芳.利用甘蔗糖蜜酒精废液及甘蔗尾叶发酵生产腐植酸有机肥[D].南宁:广西大学,2014.

[135]周文灵,卢颖林,敖俊华,等.复合微生物菌肥对甘蔗生长的影响[J].甘蔗糖业,2016(6):

[136]周修冲,刘国坚,PORTCH S,等.高产甘蔗营养特性及钾、硫、镁肥效应研究[J].土壤肥料,1998(3):26-32.

[137]朱启林,曹明,张雪彬,等.不同热解温度下禾本科植物生物炭理化特性分析[J].生物质化学工程,2021,55(4):21-28.

[138]左智红,马令法,黄晶,等.蔗渣栽培姬松茸技术探索[J].蔬菜,2021(9):62-65.

[139]FOY C D. Physiological effects of hydrogen, aluminum and manganese toxicities in acid soil [J]. *Soil acidity and liming*, 1984:57-97.

[140]GALLOWAY J N, TOWNSEND A R. Transformation of the nitrogen cycle: recent trends, questions and potential pollutions[J]. *science*, 2008, 320:889-892.

[141]HARTT C E, KORTSCHAK H P, FORBES A J, et al. Translocation of C in sugarcane [J]. *Plant Physiol*, 1963, 38(3):305-318.

[142]HATCH M D, SLACK C R. Photosynthesis by sugar-cane leaves: a new carboxylation reaction and the pathway of sugar formation [J]. *Biochemical Journal*, 1966, 101(1):103.

[143]HORTA M D, TORRENT J. The olsen P method as an agronomic and environmental test for predicting phosphate release from acid soils [J]. *Nutrient Cycling in Agroecosystems*, 2007, 77(3):283-292.

[144]JULIEN M H R. Studies of ripeners on sugar cane: effects of Mon O45 on growth and sucrose content[J]. *Experimental Agriculture*, 1974, 10(2):113-122.

[145]KORTSCHAK H P, HARTT C E, Burr G O. Carbon dioxide fixation in sugar-cane leaves[J]. *Plant physiology*, 1965, 40(2):209.

[146]MCCRAY J M, RICE R W, LUO Y, et al. Phosphorus fertilizer calibration for sugarcane on everglades histosols [J]. *Communications in Soil Science and Plant Analysis*, 2012, 43(20):2691-2707.

[147]PRADHAN S K, NERG A M, SJOBLOM A, et al. Use of human urine fertilizer in cultivation of cabbage (*Brassica oleracea*): impacts on chemical, microbial, and flavor quality [J]. *J Agric Food Chem*. 2007, 55(21):8657-8663.

[148]ROWE H, WITHERS P J A, BAAS P, et al. Integrating legacy soil phosphorus into sustainable nutrient management strategies for future food, bioenergy and water se-

curity[J]. *Nutrient Cycling in Agroecosystems*,2015,104(3):393-412.

[149] SIMPSON R J, STEFANSKI A, MARSHALL D J, et al. Management of soil phosphorus fertility determines the phosphorus budget of a temperate grazing system and is the key to improving phosphorus efficiency [J]. *Agriculture,Ecosystems & Environment*,2015:263-277.

[150]ZHANG Q C,WANG G H,YAO H Y. Phospholipid fatty acid patterns of microbial communities in paddy soil under different fertilizer treatments [J]. *J Environ Sci*, 2007,19(1):55-59.